本专著为上海电子信息职业技术学院一流专业机电一体化技术（中德合作）建设成果，由学校一流院校建设"科研服务"专项经费（B2-003-20A-SYLZ13-0501）资助出版

U0197924

面装式永磁同步电机滑模变结构
自抗扰矢量控制系统研究

刘小斌 著

MIANZHUANGSHI YONGCI TONGBU DIANJI HUAMO BIANJIEGOU
ZIKANGRAO SHILIANG KONGZHI XITONG YANJIU

江苏大学出版社
JIANGSU UNIVERSITY PRESS

镇江

图书在版编目(CIP)数据

面装式永磁同步电机滑模变结构自抗扰矢量控制系统
研究 / 刘小斌著. — 镇江 : 江苏大学出版社,2021.12
ISBN 978-7-5684-1726-6

Ⅰ. ①面… Ⅱ. ①刘… Ⅲ. ①永磁同步电机－矢量－
控制系统－研究 Ⅳ. ①TM351

中国版本图书馆 CIP 数据核字(2021)第 244059 号

面装式永磁同步电机滑模变结构自抗扰矢量控制系统研究

著　者/刘小斌
责任编辑/李菊萍
出版发行/江苏大学出版社
地　址/江苏省镇江市梦溪园巷 30 号(邮编：212003)
电　话/0511-84446464(传真)
网　址/http://press.ujs.edu.cn
排　版/镇江市江东印刷有限责任公司
印　刷/广东虎彩云印刷有限公司
开　本/890 mm×1 240 mm　1/32
印　张/5.125
字　数/182 千字
版　次/2021 年 12 月第 1 版
印　次/2021 年 12 月第 1 次印刷
书　号/ISBN 978-7-5684-1726-6
定　价/48.00 元

如有印装质量问题请与本社营销部联系(电话:0511-84440882)

前　言

　　本书针对面装式永磁同步电机的特点,通过分析大量相关的文献,在总结前人研究成果的基础上,从实际应用出发,分析如何用无传感器技术来代替位置检测技术,从转矩脉动、低速性能、高速性能、转子初始位置检测、转速及转子位置动态跟踪等多个方面研究面装式永磁同步电机无传感器矢量控制技术。

　　全书主要内容如下:

　　1. 零速及低速运行状况下,面装式永磁同步电机无传感器控制技术研究

　　首先,选定面装式永磁同步电机为研究对象,在零速及低速情况下对面装式永磁同步电机无传感器控制技术进行研究,采用高频脉振电压信号注入方法,解决基波模型在低速运行时存在的问题。

　　其次,选择在直轴注入高频电压信号检测交轴电流分量的位置检测方法,对提取出的交轴高频电流进行信号处理,经滤波器滤波后得到转子位置观测器输入信号,从而实现低速运行时转子位置的检测,并对转子位置进行辨识。利用电机磁路饱和凸极效应原理,解决零速运行时可能产生的启动失败问题。

　　最后,在获得转子位置初判值的情况下,在估算坐标系下通入直轴正负方向的等宽电压脉冲,通过对磁路饱和程度和直轴电流幅值的观察,判断直轴的正方向,实现面装式永磁同步电机初始位置的准确定位。对于滤波环节,通过高通滤波器在定子电流中提取出高频电流分量,将其作为转子位置跟踪器的输入信号,用同步

轴坐标系下的高通滤波器将定子电流高频成分中正序分量和负序分量滤去,提取出基波分量反馈到电流调节器进行电流闭环控制。

2. 中高速运行状况下,面装式永磁同步电机无传感器控制技术研究

本书中面装式永磁同步电机中高速运行时的无传感器控制选择滑模变结构控制和自抗扰控制两种方法。

首先,分别对两种方法进行改进,将滑模观测器原有的开关切换面变换为双曲正切函数,加入锁相环节,通过对不同控制对象的时间尺度的计算,直接得到自抗扰模型的各个参数。

其次,在速度与电流自抗扰控制器设计中,将两种适用于面装式永磁同步电机的中高速运行控制方法相结合,引入滑模变结构控制,利用滑模变结构趋近律相关方法,改进非线性扩张状态观测器和非线性状态误差反馈控制律中的非线性特性函数控制参数。对于改进的非线性扩张状态观测器和改进的非线性状态误差反馈控制律,用连续的继电特性函数来代替不连续的开关符号函数,使控制量连续化,减少高阶非线性扩张状态观测器和非线性状态误差反馈控制律的控制参数,以便于调节。

再其次,采用最速离散函数简化控制方式,使得自抗扰控制系统能够缓解电机动态响应与超调间的矛盾,通过各项分析设计出速度电流环的二阶滑模自抗扰控制器。

最后,通过分析直轴电流输出方程,设计一种新的电流环一阶滑模自抗扰控制器,并得出一种基于滑模变结构的自抗扰中高速控制方法,将其应用于面装式永磁同步电机的中高速矢量控制系统中,使得面装式永磁同步电机矢量控制系统的中高速运行性能得到明显的优化。

3. 面装式永磁同步电机全速度范围无传感器控制技术研究

将适应于低速及零速情况的高频脉振电压注入法和适用于中高速的滑模变结构自抗扰无传感器控制算法结合起来,为了使两

种算法可以平稳切换,采用速度加权的方法,建立全速度范围面装式永磁同步电机转子速度及位置复合观测器和无传感器矢量控制系统,并验证复合观测估算方法的正确性。

　　由于作者水平有限,书中难免会有疏漏或不当之处,敬请读者批评指正。

著　者

2021 年 8 月 26 日

目　录

第1章　交流电机研究现状及其系统理论

1.1　交流电机研究背景分析

在现代社会中,电能是应用最为广泛的一种能源,而在电能的生产和使用中,电机是机电能量转换的关键。目前对电机展开的研究工作主要分为电机设计与电机控制两大类。其中,电机设计发展偏向于本体的优化、工艺的改进,其设计理论已经成熟。而电机控制,特别是电机速度控制与人类生产、生活的联系日趋紧密,如数码相机、DVD、洗衣机、冰箱等众多电器产品中的驱动电机运行,环保电动汽车不同工作状态的切换,轧钢机驱动电机的动态控制,以及风机流量调节等都涉及电机的速度控制,因此电机调速技术的发展直接关系到电能的开发、利用及能源节约。

按照控制对象的不同,电机调速可分为直流调速和交流调速两大类。由于直流电机诞生较早,在很长一段时间内,直流调速在高性能传动系统中占主导地位,其主要优点是控制简单、调速平滑、启制动及正反转性能指标良好。但是直流电机存在机械换向器和电刷这些固有的结构性缺陷,制约了其向高速、大容量方向发展。交流电机相对于直流电机来说,具有体积小、质量轻、无电刷换向器、转动惯量小等许多优点,随着电力电子技术与交流电机控制相关理论的不断发展与完善,以及微电子技术、微机控制技术及新型控制策略的出现,交流调速技术取得了重大突破,具备调速范围宽、调速精度高、动态响应快及四象限运行等优异性能。目前,交流电机调速已经逐渐取代直流电机调速。此外,由于钕铁硼永磁材料的出现及其相应工艺技术的发展,进一步降低了永磁电机的成本,同时永磁电机性能得到不断提升,因此永磁电机在航空航天、数控机床、船舶推进、汽车与工业自动化等领域得到广泛应用。在这些应用领域中,作为执行机构的永磁同步电机调速系统起着举足轻重的作用,其控制性能与可靠性直接影响整个系统的工作状况与安全性能。

为了推动永磁同步电机调速系统的进一步发展与完善,特别是确保其在一些具有复杂工作环境(高温、低温、扰动、机械振动、强电磁干扰等)的特殊领域能安全运行,相关理论与技术的研究也需要跟进。然而,现阶段有关复杂工作环境下永磁同步电机调速系统的理论与技术还不够成熟与完善。我国在该领域的研究起步相对较晚及国外对相关技术的垄断,导致很多技术问题没有得到很好的解决。这正是本书研究的意义所在。

1.2 永磁同步电机系统理论发展史

1.2.1 永磁材料与永磁同步电机

1. 永磁材料

目前永磁电机主要有以下几种类型:永磁直流电机、梯形波永磁同步电机和正弦波永磁同步电机。世界上第一台电机是由巴洛发明的利用永磁体产生励磁磁场的永磁电机,但当时所用的永磁材料是天然磁铁矿石,磁能密度很低,用它制成的电机体积庞大,不久便被电励磁电机所取代。

永磁材料的发展与永磁同步电机的发展紧密相连,利用永磁体作磁势源制造电机已有 100 多年的历史。随着人们对电机和永磁材料研究的不断深入,研究人员相继开发出了碳钢、钨钢等多种永磁材料,由于这些早期的永磁材料磁性能很低,因此永磁电机很快被电励磁电机所取代。20 世纪 30—50 年代,具有高剩磁(B_r)的铝镍钴和具有较高矫顽力 H_c 的铁氧体永磁材料的先后出现,给永磁电机带来了生机。在这一时期,永磁电机有了较快的发展,电机功率从几十毫瓦增大到几十千瓦,在各个领域的应用范围不断扩大。由于铝镍钴的矫顽力很低,易失磁,磁化曲线呈方形,会引起较高的永久去磁率;铁氧体的剩磁值很小,不能为电机提供高工作磁密。因此,这两种材料在永磁电机中的应用受到限制,当时像逆变器这样的电力电子装置还没有得到广泛应用,故永磁同步电机的应用也受到限制。科研人员通过不懈努力,终于在20世纪60—80年代,开发出了钕铁硼永磁材料(稀土永磁),这种永磁材料的磁性能高于其他永磁材料(最大磁能积可达431.3 kJ/m³),因而被称为"磁钢""磁王"。除具有极高的磁能积和矫顽力外,钕铁硼永磁材料还具有高磁能密度的优点,因而在永磁电机中得到了广泛应用。自此,永磁电机逐渐发展起来,并被广泛应用于国民经济各个领域。尤其是近几十年来,与永磁同步电机发展密切相关的其他学科和技术如电力电子技术、计算机辅助设计技术、控制技术和驱动电路技术等的进步,永磁电机本体、驱动器、控制器和传感器等相关知识储备的逐年完善,以及各环节技术水平的日益提升,使永磁同步电机系统的应用更广泛。

目前,应用广泛的稀土永磁电机主要经历了如下三个发展阶段:

20世纪60—70年代,永磁材料昂贵的价格使得永磁电机主要应用于航空、国防等特殊行业领域;20世纪80年代,随着钕铁硼永磁材料的大量开发,永磁电机成本大大降低,电力电子与微电子技术的发展也使得永磁电机的控制更易实现,故永磁同步电机研究与应用开始扩展到国民生活领域;20世纪80年代至今,永磁材料、电力电子、微机应用技术,以及永磁同步电机设计与开发等都有了突飞猛进的发展,使永磁电机的应用范围进一步扩大,永磁电机的控制也向大功率(高转速、大转矩)、高功能化和微型化发展。目前,稀土永磁电机的单台容量已超过1 000 kW,最高转速已超过300 000 r/min,最低转速低于0.01 r/min,成为电力驱动系统的首选电机。

2. 永磁同步电机

（1）永磁同步电机的结构

永磁同步电机由定子和转子两大部分组成,定子指的是电动机运行时的不动部分,主要由硅钢冲片、三相对称分布在槽中的绕组、固定铁芯用的机壳及端盖等部分组成。其定子和异步电机的定子基本相同。空间上对称的三相绕组通以时间上对称的三相电流就会产生一个空间旋转磁场,旋转磁场的同步转速为 $n_0 = 60f/P$,其中,f 为定子电流频率,P 为电动机极对数。永磁同步电机的转子是指电动机在运行时可以转动的部分,通常由磁极铁芯、永磁磁钢及磁轭等部分组成。转子的主要作用是在电动机的气隙内产生足够的磁感应强度,并同通电的定子绕组相互作用产生转矩以驱动自身运转。永磁同步电机的励磁磁场可视为恒定。

永磁同步电机就整体结构而言,可分为内转子式和外转子式;就磁场方向来说,有径向和轴向磁场之分;就定子结构论,有分布绕组和集中绕组,以及定子有槽和无槽的区别。

根据转子中永磁体位置的不同,永磁同步电机可分为面装式、嵌入式和内装式。永磁体贴于转子表面的结构称为面装式;将永磁体嵌于转子表面下,永磁体的宽度小于一个极距的结构称为嵌入式;将永磁体埋装在转子铁芯内部,每个永磁体都被铁芯所包容的结构称为内装式。

面装式和嵌入式结构可使转子设计做到直径小、惯量低,若将永磁体直接粘接在转轴上,可以获得较低的电感,有利于改善动态性能。正因如此,许多交流永磁伺服电机都采用这两种结构形式。内装式结构机械强度高,磁路气隙小,与面装式转子相比,更适用于弱磁运行。另外,嵌入式和内装式电机的磁体被嵌装于转子内,该结构不仅增强了转子机械强度,而且使得电机易于实现弱磁控制,比较适合高速运行。该结构电机的主要缺点是有磁阻转矩,增加了电机转矩控制的复杂度,且安装制造工艺复杂。

故本书选取面装式永磁同步电机为研究对象,对其进行研究及控制。

面装式交流永磁同步电机实质上是一种隐极式同步电机,因为永磁材料的磁导率十分接近空气,所以交、直轴电感基本相同。而嵌入式和内装式同步电机属于凸极式同步电机,其交轴电感大于直轴电感(这点与传统绕线式凸极同步电机正好相反),这样,除了产生电磁转矩外,还会产生磁阻转矩。特别是对于内装式结构,永磁体装在转子内部,改变了电动机的交、直轴磁路,会影响电动机的转矩生成,从而影响并决定电动机的电磁特性。

(2)正弦波永磁同步电机和梯形波永磁同步电机

永磁同步电机分类较多,其中,正弦波永磁同步电机也即日常生产生活中所说的永磁同步电机(Permanent Magnet Synchronous Motor,PMSM)。为了省掉励磁线圈、滑环与电刷,永磁同步电机将绕线式同步电机转子中的励磁绕组替换为永磁体,通过电子换向实现电机的运行。由于永磁同步电机在定子绕组上所获得的感应电势波形为正弦波,因此仍然要求有三相正弦电流输入定子侧,故称为正弦波永磁同步电机。

梯形波永磁同步电机又称永磁无刷直流电机(The Brushless DC Motor,BLDC)。梯形波永磁同步电机用装有永磁体的转子取代有刷直流电机的定子磁极,将原直流电动机的电枢变为定子。有刷直流电机依靠机械换向器将外加直流电流转换为绕组内部的近似梯形波的交流,而BLDC将方波电流直接输入定子侧,颠倒原直流电动机定、转子位置。采用永磁体的好处就是省去了机械换向器和电刷,由此得名为永磁无刷直流电机。

(3)永磁同步电机的优点

相比于感应电机,永磁同步电机具有很多优点。永磁同步电机能够提供较高的功率密度,与相同功率的感应电机相比体积小、质量轻;永磁同步电机具有较小的转动惯量,适合应用于对电机驱动系统要求较高的动态响应领域;永磁同步电机无滑环和电刷,使其鲁棒性增强,可靠性得到提高,更适合应用于高速、超高速场合。永磁同步电机转子磁场和定子磁场同步,且转子磁场由永磁体构成,无直接电能消耗,电机效率相对感应电机明显提高。由此可知,永磁同步电机相对于感应电机具有高功率密度、高效率、高可靠性及结构简单、体积小、质量轻等优点,因此得到广泛应用。

1.2.2 永磁同步电机三种主要控制系统概述

电机是整个控制系统能量的接收和发出机构,同时也是系统控制方案的应用对象。从系统控制方案的角度看,永磁同步电机主要包括变压变频控制、矢量控制和直接转矩控制三大控制系统。其中,变压变频控制为开环控制,系统通过控制器给定参考电压与频率,从而在电机定子绕组上产生一个交变的正弦波电压。该方法没有对电机状态进行反馈,不能实现对电磁转矩的精确控制。永磁同步电机的矢量控制技术是一种理想的调速方法,其通过控制转子永磁磁动势与定子磁动势之间的角度和定子绕组电流幅值,并借助于坐标变换实现电流、电压与磁势变量的解耦,最终将永磁同步电机模拟为直流电机进行控制。永磁同步电机的矢量控制方法有很多种,主要包括 i_{sh} 控制、最大输出功率控制、单位功率因数控制、最大转矩电流比控制和弱磁控制等。直接转矩控制通过定子磁链定向对电机定子转矩与磁链进行直接控制,但其存在转矩脉动大的缺点。矢量控制系统和直接转矩控制系统是目前永磁同步电机系统中应用最广泛的两种控制系统。

1. 变压变频控制

变压变频(The Variable Voltage Variable Frequency, VVVF)控制的控制变量是电机的外部变量,即电压和频率。控制系统将参考电压和频率输入实现变压变频控制的调制器中,由逆变器产生一个交变的正弦波电压施加在电机的定子绕组上,使之运行在指定的电压和参考频率下,逆变器调制采用 PWM(脉宽调制)方式。变压变频控制属于开环控制,无需从电机端部引入电压、电流或速度、位置等反馈信号。由于没有引入反馈信号,无法即时观测电机状态,因此不能精确控制电磁转矩,仅适于某些无需精确控制的场合。

变压变频控制的特点是可实现对定子的频率与电压幅值的控制。在基频以下,定子磁通量为常量,按比例同时控制电压和频

率,即图 1.1 所示的恒压频比控制。低频时还应适当地抬高电压
以补偿定子压降。在基频以上,由于电压已经达到上限无法再继
续升高,只能提高频率,从而使得磁通减弱。对于开环控制的变压
变频控制,其优势在于方法易于上手,且性价比很高。不过,使用
该方法控制永磁同步电机,在转速较大或负载变化频繁的情况下,
这些优势表现得并不明显。也就是说,变压变频控制适用于负载
不经常变化或低转速的条件。目前,通用型变频器基本上都采用
这种控制方式。

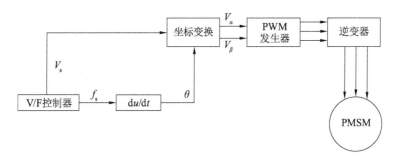

图 1.1　恒压频比控制系统

2. 矢量控制

矢量控制理论是 20 世纪 70 年代初由德国工程师 Felix Blasch-
ke 在其发表的论文《异步电机矢量变换控制的磁场定向原理》和美
国 P. C. Custman 与 A. A. Clark 在他们申请的专利"感应电机定子
电压的坐标变换"中提出的。矢量控制(Vector Control)又称磁场
定向控制(Field Oriented Control),这种控制方法以坐标变换为基
础,利用直流电机转矩电流和励磁电流相互垂直、没有耦合、可独
立控制的特点,模仿直流电机的控制方法对交流电机进行控制。
它将交流电机空间磁场矢量的方向作为坐标轴的基准方向,将电
机定子电流矢量正交分解为与磁场方向一致的励磁电流分量和与
磁场方向垂直的转矩电流分量,通过对励磁电流分量和转矩电流
分量分别实施控制,使得交流电机能像他励直流电机一样被控制。
矢量控制理论的出现显著提高了交流伺服系统的动静态性能,标

志着交流电机控制理论实现了一次质的飞跃。

（1）矢量控制技术的国内外发展现状

矢量控制技术起源于德国,该技术自提出之后便受到世界上许多国家的学者和研究机构的关注,在其发展过程中,德、美、英、法、意、加拿大及日本等国都做了大量的研究工作。欧洲各国对矢量控制技术相当重视,20世纪80年代中期到90年代中期,欧洲电力电子会议(EPE)论文涉及矢量控制的论文占有很大的比例。德国的 SIEMENS 公司、Aachen 应用技术大学电力电子和电气传动研究院和 Brauncshweig 技术大学以 W. Leonard 教授为首的研究人员在矢量控制的应用方面做出了突出贡献,其中微处理器的矢量控制研究取得了许多重大进展,促进了矢量控制的实用化。尤其是 W. Leonard 教授,他的有关矢量控制的文献被大量引用。

日本关于矢量控制的技术研究起步也较早。早在 1972 年,《富士时报》就发表了 Blaschke 的译文,之后日本各大学和研究机构开始着手进行相关研究,1975 年前后陆续有研究论文发表和专利申请成功。20 世纪 80 年代初,日本电机厂家竞相研究矢量控制技术,三菱电机公司、安川电机公司和东芝公司在这方面表现尤为出色。1994 年,日本电气学会特邀最早开发矢量控制产品的三菱电机公司的中野孝良和安川电机公司的岩金以"矢量控制的幕后话"为主题开了一个座谈会,全面生动地阐述了矢量控制发展史。

在矢量控制技术方面,德国、日本和美国走在世界的前列。日本在研究无速度传感器方面较为先进,相关技术主要应用于通用变频器;美国的研究人员在电机参数识别方面的研究比较深入,并且将神经网络控制、模糊控制等一些最新的技术应用到这方面;而德国在将矢量控制技术应用于大功率系统方面的实力很强,SIE-MENS 公司已经开始将矢量控制技术应用于交流传动电力机车等兆瓦级功率场合。

我国学者对矢量控制技术进行研究的时间也比较早。在 20 世纪 80 年代初即有关于矢量控制的文章发表,但限于当时的技术手段和工业基础,发展并不迅速。进入 20 世纪 90 年代,随着国际交流的逐渐增多,以及国外电气公司逐渐进入中国市场,国内学者对矢量控制技术的了解逐渐深入,矢量控制技术的研究逐渐成为电气传动领域的热点,发表的有关矢量控制的文章逐渐增多。目前,国内的研究工作主要集中在无速度传感器和电机参数识别方面。

（2）矢量控制技术的基本思想

矢量控制技术的基本思想如下:首先,以坐标变换理论为基础,依据直流电机励磁电流和转矩电流在空间相互垂直、没有耦合、可以分别进行独立控制的特点,相应地把交流电机定子电流分解成励磁电流分量和与之相垂直的转矩电流分量。然后,分别对两个分量进行控制,就可以和直流电机一样实现解耦控制,实时控制电机所产生的转矩,使被控系统具有良好的动态特性。矢量控制分为 i_s 控制、转子磁场定向矢量控制、定子磁场定向矢量控制、转差频率矢量控制和电压定向矢量控制 5 种类型。图 1.2 为转子磁场定向矢量控制原理框图,整个系统采用双闭环控制,转矩环和磁通环为内环,转速环为外环。磁通的闭环控制可实现转子磁通的恒定。当转子磁通恒定时,电磁转矩与定子电流的 T 轴分量 i_{sf} 成正比,通过控制 i_{sh} 就可以控制电磁转矩。这样,由 i_{sf} 控制转子磁通,由 i_{sh} 控制电磁转矩,就可实现系统的完全解耦控制。

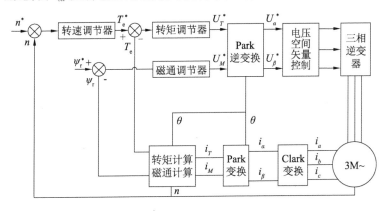

图 1.2 转子磁场定向矢量控制原理框图

矢量控制理论的提出和应用使交流传动系统的动态特性显著改

善,从而使高性能交流传动成为现实。围绕矢量控制技术的完善化,学者们相继提出了许多提高矢量控制性能的方法:为了克服由于电机内部压降造成的耦合,可在系统中加入前馈控制器;为了克服模型运算的误差,系统低速时用电流模型控制而高速时用电压模型控制;为了应对运行中转子电阻的变化,对系统参数进行修正等。

3. 直接转矩控制

(1) 直接转矩控制的发展概况

直接转矩控制是 19 世纪 80 年代德国鲁尔大学 M. Depenbrock 教授和日本学者 L. Takahashi 同期提出的异步电机控制方法,1987 年它被推广到弱磁调速领域。其基本思想是将逆变器与电机结合为一体,采用定子磁场定向,通过检测电机定子电压和电流,借助瞬时空间矢量理论计算电机的磁链和转矩,并根据与给定值比较所得的差值,运用滞环控制实现定子磁链和电磁转矩的直接控制。由于摒弃了解耦的思想,直接转矩控制系统转矩响应快,特别适合需要快速响应的大惯量运动控制系统。

(2) 直接转矩控制的特点

直接转矩控制直接在定子坐标系下分析交流电机的数学模型、控制电机的磁链和转矩。它不必将交流电机与直流电机作比较、等效与转化,既不需要模仿直流电机的控制,也不需要为解耦而简化交流电机的数学模型。因此,直接转矩控制的信号处理工作特别简单,观察者通过控制信号就能够对交流电机的物理过程做出直接和明确的判断。

直接转矩控制磁场定向所用的是定子磁链,只要知道定子电阻就可以观测出来。它不是通过控制电流、磁链等间接控制转矩,而是把转矩直接作为被控量。因此,它并不极力获得理想的正弦波形,也不专门强调磁链的圆形轨迹。相反,从控制转矩的角度出发,它强调的是转矩的控制效果,因而采用离散的电压状态和六边形磁链轨迹或近似圆形磁链轨迹的概念进行描述。直接转矩控制技术对转矩实行直接控制的控制方式:通过转矩两点式调节器将转矩检测值与转矩给定值进行滞环比较,把转矩波动限定在一定的容差范围内,容差的大小由频率调节器来控制。因此它的控制效果不取决于电机的数学模型是否能够简化,而是取决于转矩的实际状况,既直接又简单。

永磁同步电机直接转矩控制的基本思想与异步电机相同,通过直接控制定子磁链瞬时旋转方向和旋转速度来改变定子磁链对转子磁链的瞬时转差速度,在此基础上选择合适的定子电压空间矢量,即可实现电机转矩和转矩增长率的直接控制。永磁同步电机直接转矩控制采用了定子磁场定向的方法直接控制电磁转矩和定子磁链,所以不需要获取转子位置信息,但是必须提前获取转子初始位置信息。

综上所述,直接转矩控制技术通过空间矢量的分析方法,直接在定子坐标系下计算与控制交流电机的转矩;采用定子磁场定向,借助离散的两点式调节(Band-Band 控制)产生 PWM 信号,直接对逆变器的开关状态进行最佳控制,以获得转矩的高动态性能。它省掉了复杂的矢量变换与电机的数学模型简化处理,没有通常的PWM 信号发生器,控制思想新颖,控制结构简单,控制手段直接,信号处理的物理概念明确。该控制系统的转矩响应迅速,限制在一拍以内,且无超调,是一种具有高动态性能的交流调速方法,图1.3 是永磁同步电机直接转矩控制系统原理框图。

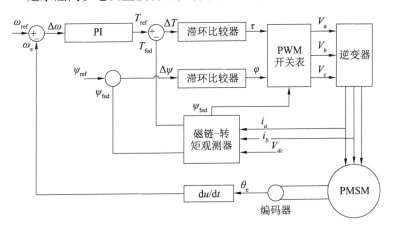

图 1.3　永磁同步电机直接转矩控制系统原理框图

4. 控制系统的比较

永磁同步电机矢量控制和直接转矩控制的本质在于对转矩实现控制,基本思想都是对转矩和磁链分别进行解耦控制,并且都具有良好的控制性能。目前,众多学者对矢量控制和直接转矩控制展开了同步研究,并对这两种策略的动静态性能及实施方案做了分析与比较。

矢量控制具有动态性能高、精度高、调速范围宽的特点,能够获得与直流电机特性相媲美的交流电机特性,发展至今已经成为高性能伺服系统的首选控制策略,在电机控制领域具有广阔的应用前景。但是矢量控制需要进行复杂的旋转坐标变换,同时其控制精度受参数变化影响较大,因此有待进一步完善。

直接转矩控制避免了旋转坐标变换等复杂的过程,具有结构简单、响应速度快、动静态性能良好、鲁棒性强等优点,因此受到了广泛的关注。然而永磁同步电机中存在永磁磁场,因此使用零电压矢量时无法像异步电机一样控制转矩瞬时发生的变化,只能通过反电压矢量进行辅助控制,但是反电压矢量的引入将导致转矩及磁链的波动,从而影响系统的控制性能。在永磁同步电机直接转矩控制的实际应用中更是存在转子磁链难以观测、非线性振荡无法避免、参数摄动等问题,因此对于微处理器要求较高,有待进一步研究与完善。

由上述分析可知,永磁同步电机矢量控制和直接转矩控制各有其发展空间,都有一定的优点,也都存在一些不足。如何根据实际的工程需要恰到好处地选取合适的控制系统,将各种控制策略相互渗透复合,克服单一控制策略的不足,提高整个系统的性能,以满足各种应用场合的需要,成为当前学界关注的重点。也就是说,任何一种控制策略都有其可应用的技术领域,但前提是要保证系统的整体稳定,而这其中最为重要的是如何制定相关的策略去抑制系统高性能所带来的负面扰动。

1.3 永磁同步电机的分类与空间状态表达

1.3.1 永磁同步电机的分类

永磁同步电机(PMSM)与普通感应电机、同步电机结构很相似,不同之处就在于其转子采用的是永磁材料,其他部分(也就是定子和端盖部分)与它们大体一致,定子由铁芯和三相电枢绕组 A,B,C 对称构成。根据转子上永磁体安放的位置可将永磁同步电机分为三类——面装式、插入式和内装式,如图 1.4 所示。无论是哪种结构的电机,它们共同的特点就是体积小、节能效果显著,且适用于负载变化较大、较频繁的环境。这三种类型的永磁同步电机分别具有它们各自的优点。

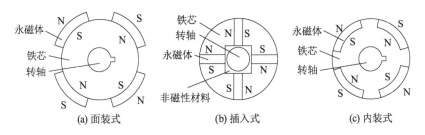

图 1.4 永磁体转子的结构分类

从图 1.4 中可以轻松地看出,面装式和内装式结构中的永磁体呈弧形,分别装在铁芯的外表面和内表面,这样可以使绕组提供径向磁通,减小转动惯量。面装式电机气隙的磁通近似于正弦波,这种方式不仅制作工艺简单,而且可以有效减小磁场谐波,电机的动态性能也得到了进一步提高。内装式电机尤其适用于高速运转状况,原因是内置的永磁体不受离心力这一因素的制约,但其结构复杂、机械强度高、设计难度较大。插入式电机的磁链结构不是对称型的,这样虽然可以大大提高电机的功率密度,但制作时的漏磁系数较大,成本相对较高。

与感应电机相比,永磁同步电机的优势是不输入无功励磁电流,这样一来功率因数有了明显的提升,同时降低了定子的电流、电阻损耗,稳态运行时在转子电阻上的损耗为零,与同规格的感应电机相比,功率可以提升 2%~8%。面装式永磁同步电机电枢的绕组 q 轴和 d 轴的电感值相等,这与隐极式电机类似。而内装式电机永磁体之间的铁芯磁导率较高。本书最终选择的研究对象——面装式永磁同步电机,也称为内置式、表面磁钢式永磁同步电机。

1.3.2 永磁同步电机的空间状态表达

永磁同步电机的空间状态表达式在自然参照系内(即选择电机端口的原始变量为基本变量)为变系数微分方程组,系数矩阵中的元素通常与转子的速度和位置有关(忽略饱和、磁滞、涡流、温升的影响),分析求解非常困难。为了解决这一难题,本书提出了三相静止坐标系(a-b-c)、两相静止坐标系(α-β)、与转子同步旋转的坐标系(d-q)、与定子磁链同步旋转的坐标系(x-y),并在这 4 种坐标系中建立了永磁同步电机电压、磁链及转矩方程。

在旋转坐标系下分析永磁同步电机数学模型是较为常见的方法,既能够分析电机的稳态运行性能,又可以分析其暂态性能。但实际上,这种定子绕组和永磁体之间磁路的相互耦合给永磁同步电机的数学模型分析带来了困扰,并且旋转过程中必然涉及动态性能分析,这在状态方程组的系数变化中体现得淋漓尽致,所以很难对状态方程组进行求解。基于以上问题,对永磁同步电机进行理想化分析是首选,为了使分析更加简洁,一般情况下做出以下假设:

(1)电机铁芯饱和效应不计入考虑范围,同时涡流及磁滞所带来的损耗忽略不计,磁导系数假设为不变的恒量。

(2)定子绕组三相呈 120°类似 Y 形对称连接,所产生的电流呈正弦规律分布。

(3)感应磁动势在横坐标为时间、纵坐标为磁动势的坐标系中呈正弦波。

1.4　永磁同步电机数学模型

1.4.1　三相静止坐标系下的模型结构

磁链方程如式(1-1)：

$$\begin{bmatrix} \dot{\psi}_a \\ \dot{\psi}_b \\ \dot{\psi}_c \end{bmatrix} = \begin{bmatrix} L_{aa}(\theta_r) & M_{ab}(\theta_r) & M_{ac}(\theta_r) \\ M_{ba}(\theta_r) & L_{bb}(\theta_r) & M_{bc}(\theta_r) \\ M_{ca}(\theta_r) & M_{cb}(\theta_r) & L_{cc}(\theta_r) \end{bmatrix} \begin{bmatrix} i_a \\ i_b \\ i_c \end{bmatrix} + \begin{bmatrix} \psi_{ra}(\theta_r) \\ \psi_{rb}(\theta_r) \\ \psi_{rc}(\theta_r) \end{bmatrix} \quad (1-1)$$

式中：ψ_a, ψ_b, ψ_c 为定子各相绕组总磁链；i_a, i_b, i_c 为定子各相线电流；$\theta_r = \omega_r \cdot t$ 为转子轴线与三相坐标系的空间位置角，ω_r 为转子旋转角速度；$L_{aa}(\theta_r), L_{bb}(\theta_r), L_{cc}(\theta_r)$ 为定子各相绕组自感，是 θ_r 的函数；$M_{ab}(\theta_r), M_{ac}(\theta_r), M_{ba}(\theta_r), M_{bc}(\theta_r), M_{ca}(\theta_r), M_{cb}(\theta_r)$ 为定子各相绕组间的互感，是 θ_r 的函数；$\psi_{ra}(\theta_r), \psi_{rb}(\theta_r), \psi_{rc}(\theta_r)$ 为转子磁链在定子三相绕组中产生的交链，是 θ_r 的函数。

电压方程如式(1-2)：

$$\begin{bmatrix} u_a \\ u_b \\ u_c \end{bmatrix} = \begin{bmatrix} R_s & 0 & 0 \\ 0 & R_s & 0 \\ 0 & 0 & R_s \end{bmatrix} \begin{bmatrix} i_a \\ i_b \\ i_c \end{bmatrix} + p \begin{bmatrix} \psi_a \\ \psi_b \\ \psi_c \end{bmatrix} \quad (1-2)$$

式中：u_a, u_b, u_c 为定子绕组每相的端电压；R_s 为定子绕组的电阻；p 为微分算子(d/dt)。

在理想情况下，电机方程有如下假设：

① 电机铁芯不饱和。这一假设指明磁场与各绕组电流间存在线性关系，因此，在确定空间气隙合成磁场时，可以应用叠加原理计算。

② 气隙分布匀称。每相绕组的自感及各绕组之间的互感不再受转子位置影响，磁回路和转子的位置不再相关。

③ 电机的磁路和绕组是完全对称分布的。根据这一假设可得如下关系：定子三相绕组严格一致，空间上两两之间互差 120°；转子呈中心对称，流过三相绕组的电流对称(即 $i_a + i_b + i_c = 0$)，且以下

条件成立：

$$L_{aa} = L_{bb} = L_{cc} = L$$
$$M_{ab} = M_{ac} = M_{ba} = M_{bc} = M_{ca} = M_{cb} = M$$

④ 定子三相绕组的自感磁场及定子与转子间的互感磁场顺着气隙的方向呈正弦变化。如上假设说明：不考虑谐波磁通、谐波磁势、谐波磁场产生的电磁转矩及对应的谐波电势，转子磁链在每相绕组中产生的交链为

$$\begin{bmatrix} \psi_{ra}(\theta_r) \\ \psi_{rb}(\theta_r) \\ \psi_{rc}(\theta_r) \end{bmatrix} = MI_f \begin{bmatrix} \cos\theta_r \\ \cos(\theta_r - 2\pi/3) \\ \cos(\theta_r - 4\pi/3) \end{bmatrix} \tag{1-3}$$

式中：MI_f 为转子磁链的幅值，对于给定永磁同步电机是定值。

⑤ 定子内表面不粗糙，忽略齿槽作用，忽略磁滞、涡流影响及导电材料趋肤效应，忽略电机外围温度影响。

若以上假设条件全部满足，则视之为理想永磁同步电机。在下文所述的分析和设计中，均采用理想永磁同步电机模型。从以往分析经验可以看出，各类控制系统在分析设计阶段采用理想永磁同步电机模型所得的分析、计算结果应用于实际时，偏差一般在工业生产允许范围之内。

磁链方程如式(1-4)：

$$\begin{bmatrix} \psi_a \\ \psi_b \\ \psi_c \end{bmatrix} = \begin{bmatrix} L & M & M \\ M & L & M \\ M & M & L \end{bmatrix} \begin{bmatrix} i_a \\ i_b \\ i_c \end{bmatrix} - MI_f \begin{bmatrix} \cos\theta_r \\ \cos(\theta_r - 2\pi/3) \\ \cos(\theta_r - 4\pi/3) \end{bmatrix} \tag{1-4}$$

电压方程如式(1-5)：

$$\begin{bmatrix} u_a \\ u_b \\ u_c \end{bmatrix} = \begin{bmatrix} R_s & 0 & 0 \\ 0 & R_s & 0 \\ 0 & 0 & R_s \end{bmatrix} \begin{bmatrix} i_a \\ i_b \\ i_c \end{bmatrix} + p \begin{bmatrix} L & M & M \\ M & L & M \\ M & M & L \end{bmatrix} \begin{bmatrix} i_a \\ i_b \\ i_c \end{bmatrix} - $$
$$\omega_r MI_f \begin{bmatrix} \sin\theta_r \\ \sin(\theta_r - 2\pi/3) \\ \sin(\theta_r - 4\pi/3) \end{bmatrix} \tag{1-5}$$

电磁转矩方程如式(1-6)：

$$T_e = \frac{3}{2} P \psi_s i_s \qquad (2\text{-}6)$$

式中：i_s，ψ_s 分别表示定子的电流、磁链；P 表示转子磁极对数。

由上述方程可知，永磁同步电机的数学模型包括电压方程、磁链方程和转矩方程。在三相静止坐标系(a-b-c)里对永磁同步电机的数学模型进行研究存在困难，只有在不同坐标平面通过方程的化简，才能对其进行深入的分析。

1.4.2　两相静止坐标系下的模型结构

由于存在两相静止坐标系，所以在同一平面上，可用一个匝数相同、电阻相等、互相正交的对称两相绕组代替匝数相同、电阻相等、互差120°的对称三相绕组，这两个坐标系分别称为两相静止坐标系(α-β)和三相静止坐标系(a-b-c)。变换坐标系时，将(a-b-c)坐标系的 a 轴与(α-β)坐标系的 α 轴重合，β 轴与 α 轴正交，(a-b-c)坐标系的坐标轴按照逆时针方向旋转，如图 1.5 所示。上述两个坐标系之间的变换常称为 Clark 变换。

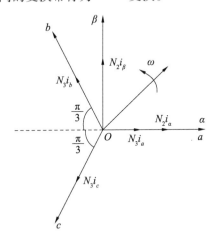

图 1.5　(a-b-c)坐标系和(α-β)坐标系的空间矢量关系

三相对称绕组通入三相对称电流 i_a，i_b，i_c，各相磁动势分别为 F_a，F_b，F_c，其总的磁动势是 F_3。两相对称绕组通入两相电流 i_α，i_β，

两相的磁动势为 F_α, F_β，其总的磁动势为 F_2。将两个绕组的匝数及电流互相转换，便能够让它们产生的磁势完全等效。为简化方便，将 F_3 及 F_2 的旋转方向设置为同向，同时使 F_a 与 F_α 重合。

三相对称绕组和两相对称绕组有各自的有效匝数，可分别记为 N_3, N_2。要想化简永磁同步电机在 $(a-b-c)$ 坐标系下的模型方程，需要在保证功率守恒的前提下，遵照旋转磁场等效的法则进行简化。此时，有效匝数的关系为 $N_3/N_2 = \sqrt{2/3}$。变换坐标系时，磁动势的总和保持不变。虽然 α, β 轴相数不一致，但是磁动势的分量是一致的，因而可得下面的式子：

$$N_2 i_\alpha = N_3 i_a - N_3 i_b \cos\frac{\pi}{3} - N_3 i_c \cos\frac{\pi}{3} = N_3\left(i_a - \frac{1}{2}i_b - \frac{1}{2}i_c\right) \quad (1\text{-}7)$$

$$N_2 i_\beta = N_3 i_b \sin\frac{\pi}{3} - N_3 i_c \sin\frac{\pi}{3} = \frac{\sqrt{3}}{2}N_3(i_b - i_c) \quad (1\text{-}8)$$

二者的变换表达式为

$$\begin{bmatrix} i_\alpha \\ i_\beta \end{bmatrix} = \sqrt{\frac{2}{3}} \begin{bmatrix} 1 & -\frac{1}{2} & -\frac{1}{2} \\ 0 & \frac{\sqrt{3}}{2} & -\frac{\sqrt{3}}{2} \end{bmatrix} \begin{bmatrix} i_a \\ i_b \\ i_c \end{bmatrix} \quad (1\text{-}9)$$

$$\begin{bmatrix} i_a \\ i_b \\ i_c \end{bmatrix} = \sqrt{\frac{2}{3}} \begin{bmatrix} 1 & 0 \\ -\frac{1}{2} & \frac{\sqrt{3}}{2} \\ -\frac{1}{2} & -\frac{\sqrt{3}}{2} \end{bmatrix} \begin{bmatrix} i_\alpha \\ i_\beta \end{bmatrix} \quad (1\text{-}10)$$

设通用变量 $\boldsymbol{F}_{abc} = \begin{bmatrix} F_a \\ F_b \\ F_c \end{bmatrix}$ 为 $(a-b-c)$ 坐标系下的三维向量，$\boldsymbol{F}_{\alpha\beta} = \begin{bmatrix} F_\alpha \\ F_\beta \end{bmatrix}$ 为 $(\alpha-\beta)$ 坐标系下的二维向量，它们可以是电压、电流，也可以是磁链、电荷，$(a-b-c)$ 坐标系与 $(\alpha-\beta)$ 坐标系的变换关系为

$$\begin{bmatrix} F_{\alpha} \\ F_{\beta} \end{bmatrix} = \sqrt{\frac{2}{3}} \begin{bmatrix} 1 & -\dfrac{1}{2} & -\dfrac{1}{2} \\ 0 & \dfrac{\sqrt{3}}{2} & -\dfrac{\sqrt{3}}{2} \end{bmatrix} \begin{bmatrix} F_a \\ F_b \\ F_c \end{bmatrix} \tag{1-11}$$

$$\begin{bmatrix} F_a \\ F_b \\ F_c \end{bmatrix} = \sqrt{\frac{2}{3}} \begin{bmatrix} 1 & 0 \\ -\dfrac{1}{2} & \dfrac{\sqrt{3}}{2} \\ -\dfrac{1}{2} & -\dfrac{\sqrt{3}}{2} \end{bmatrix} \begin{bmatrix} F_{\alpha} \\ F_{\beta} \end{bmatrix} \tag{1-12}$$

将式(1-11)、式(1-12)代入永磁同步电机在三相静止坐标系（a-b-c）下的数学模型中，可以得到永磁同步电机在两相静止坐标系（α-β）下的数学模型。

电压方程为

$$\begin{bmatrix} u_{\alpha} \\ u_{\beta} \end{bmatrix} = \begin{bmatrix} R_s + \dfrac{3}{2}PL_s & 0 \\ 0 & R_s + \dfrac{3}{2}PL_s \end{bmatrix} \begin{bmatrix} i_{\alpha} \\ i_{\beta} \end{bmatrix} + \omega_r M I_f \begin{bmatrix} -\sin\theta_r \\ \cos\theta_r \end{bmatrix} \tag{1-13}$$

转矩方程为

$$T_e = \sqrt{\frac{3}{2}} M I_f(\cos\theta_r) i_{\beta} - \sqrt{\frac{3}{2}} M I_f(\sin\theta_r) i_{\alpha} = \frac{3}{2} P(\psi_{\alpha} i_{\beta} - \psi_{\beta} i_{\alpha}) \tag{1-14}$$

式中：$\psi_{\alpha}, \psi_{\beta}$ 为两相静止坐标系中的定子磁链；L_s 为定子相电感；P 为磁极对数。

由上述转矩方程可以看出：电机的输出转矩与 α 轴电流 i_{α}、β 轴电流 i_{β} 及转子位置角 θ_r 都有关系，要想控制电机的输出转矩，必须控制电流 i_{α}, i_{β} 的频率、幅值及相位。

1.4.3　与转子同步旋转坐标系下的模型结构

为了简化矢量计算，仍然采用磁场等效的方法创建与转子同步旋转的（d-q）坐标系下的模型方程。

设通用变量

$$\boldsymbol{F}_{abc} = \begin{bmatrix} F_a \\ F_b \\ F_c \end{bmatrix}$$

为 $(a\text{-}b\text{-}c)$ 坐标系中的三维向量，$\boldsymbol{F}_{dq} = \begin{bmatrix} F_d \\ F_q \end{bmatrix}$ 为 $(d\text{-}q)$ 坐标系中的二维向量，它们可以是电压、电流，也可以是磁链、电荷，$(d\text{-}q)$ 坐标系在 $(a\text{-}b\text{-}c)$ 坐标系中按照角速度 ω_r 逆时针方向转动，d 轴与 α 轴所夹角度是 θ_r，q 轴超前 d 轴 $90°$。$(a\text{-}b\text{-}c)$ 坐标系与 $(d\text{-}q)$ 坐标系的变换关系如下：

$$\begin{bmatrix} F_d \\ F_q \end{bmatrix} = \sqrt{\frac{2}{3}} \begin{bmatrix} \cos\theta_r & \cos(\theta_r - 2\pi/3) & \cos(\theta_r - 4\pi/3) \\ -\sin\theta_r & -\sin(\theta_r - 2\pi/3) & -\sin(\theta_r - 4\pi/3) \end{bmatrix} \begin{bmatrix} F_a \\ F_b \\ F_c \end{bmatrix}$$

$$(1\text{-}15)$$

$$\begin{bmatrix} F_a \\ F_b \\ F_c \end{bmatrix} = \sqrt{\frac{3}{2}} \begin{bmatrix} \cos\theta_r & -\sin\theta_r \\ \cos(\theta_r - 2\pi/3) & -\sin(\theta_r - 2\pi/3) \\ \cos(\theta_r - 4\pi/3) & -\sin(\theta_r - 4\pi/3) \end{bmatrix} \begin{bmatrix} F_d \\ F_q \end{bmatrix} \quad (1\text{-}16)$$

上述变换是一种旋转投影变换，在变换时保持幅值不变，即等幅变换。这种变换可以使得磁动势守恒，使瞬时电功率变换前、变换后相等。

磁链方程为

$$\begin{bmatrix} \psi_d \\ \psi_q \end{bmatrix} = \begin{bmatrix} L_d & 0 \\ 0 & L_q \end{bmatrix} \begin{bmatrix} i_d \\ i_q \end{bmatrix} + \begin{bmatrix} \psi_f \\ 0 \end{bmatrix} \quad (1\text{-}17)$$

式中：L_d，L_q 为永磁同步电机 d，q 轴主电感；i_d，i_q 为永磁同步电机 d，q 轴主电流。

电压方程为

$$\begin{bmatrix} u_d \\ u_q \end{bmatrix} = \begin{bmatrix} R_s & 0 \\ 0 & R_s \end{bmatrix} \begin{bmatrix} i_d \\ i_q \end{bmatrix} + \omega_r \begin{bmatrix} -\psi_q \\ \psi_d \end{bmatrix} + p \begin{bmatrix} \psi_d \\ \psi_q \end{bmatrix} \quad (1\text{-}18)$$

将磁链方程代入电压方程并整理可得

$$\begin{bmatrix} u_d \\ u_q \end{bmatrix} = \begin{bmatrix} R_s & \omega_r L_q \\ -\omega_r L_q & R_s \end{bmatrix} \begin{bmatrix} i_d \\ i_q \end{bmatrix} + \begin{bmatrix} 0 \\ \omega_r \psi_f \end{bmatrix} + \begin{bmatrix} L_d & 0 \\ 0 & L_q \end{bmatrix} p \begin{bmatrix} i_d \\ i_q \end{bmatrix} \quad (1\text{-}19)$$

电磁转矩方程为

$$T_e = \frac{3}{2}P(\psi_d i_q - \psi_q i_d) = \frac{3}{2}P[\psi_f i_q + (L_d - L_q)i_d i_q] \quad (1\text{-}20)$$

转子运动方程为

$$p\omega_r = (T_e - T_L)/J \quad (1\text{-}21)$$

设通用变量 $\boldsymbol{F}_{dq} = \begin{bmatrix} F_d \\ F_q \end{bmatrix}$ 为 $(d\text{-}q)$ 坐标系中的二维向量，

$\boldsymbol{F}_{\alpha\beta} = \begin{bmatrix} F_\alpha \\ F_\beta \end{bmatrix}$ 为 $(\alpha\text{-}\beta)$ 坐标系中的二维向量，它们可以代表各自坐标系中的任何参数，如电压、电流、磁链、电荷等，$(d\text{-}q)$ 坐标系与 $(\alpha\text{-}\beta)$ 坐标系的夹角为 θ_r。$(\alpha\text{-}\beta)$ 静止坐标系变换到 $(d\text{-}q)$ 旋转坐标系的变换称为 2s/2r 变换，也叫 Park 变换，变换关系如图 1.6 所示，变换关系式如下：

$$\begin{bmatrix} F_\alpha \\ F_\beta \end{bmatrix} = \begin{bmatrix} \cos\theta_r & -\sin\theta_r \\ \sin\theta_r & \cos\theta_r \end{bmatrix} \begin{bmatrix} F_d \\ F_q \end{bmatrix} \quad (1\text{-}22)$$

$$\begin{bmatrix} F_d \\ F_q \end{bmatrix} = \begin{bmatrix} \cos\theta_r & \sin\theta_r \\ -\sin\theta_r & \cos\theta_r \end{bmatrix} \begin{bmatrix} F_\alpha \\ F_\beta \end{bmatrix} \quad (1\text{-}23)$$

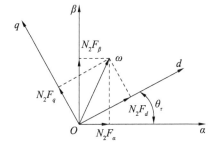

图 1.6　$(\alpha\text{-}\beta)$ 和 $(d\text{-}q)$ 坐标系的空间矢量关系

1.4.4 与定子磁链同步旋转坐标系下的模型结构

设通用变量 $\boldsymbol{F}_{dq} = \begin{bmatrix} F_d \\ F_q \end{bmatrix}$ 为 $(d-q)$ 坐标系中的二维向量,$F_{xy} = \begin{bmatrix} F_x \\ F_y \end{bmatrix}$ 为 $(x-y)$ 坐标系中的二维向量,它们可以是电压、电流,也可以是磁链、电荷,$(d-q)$ 坐标系与 $(x-y)$ 坐标系夹角为 θ_r,则 $(d-q)$ 坐标系与 $(x-y)$ 坐标系变换关系如下:

$$\begin{bmatrix} F_\alpha \\ F_\beta \end{bmatrix} = \begin{bmatrix} \cos\theta_r & -\sin\theta_r \\ \sin\theta_r & \cos\theta_r \end{bmatrix} \begin{bmatrix} F_x \\ F_y \end{bmatrix} \tag{1-24}$$

$$\begin{bmatrix} F_x \\ F_y \end{bmatrix} = \begin{bmatrix} \cos\theta_r & \sin\theta_r \\ -\sin\theta_r & \cos\theta_r \end{bmatrix} \begin{bmatrix} F_\alpha \\ F_\beta \end{bmatrix} \tag{1-25}$$

磁链方程为

$$\begin{bmatrix} \psi_x \\ \psi_y \end{bmatrix} = \begin{bmatrix} L_d\cos^2\sigma + L_q\sin^2\sigma & -L_d\sin\sigma\cos\sigma + L_q\sin\sigma\cos\sigma \\ -L_d\sin\sigma\cos\sigma + L_q\sin\sigma\cos\sigma & L_d\sin^2\sigma + L_q\sin^2\sigma \end{bmatrix}$$
$$= \begin{bmatrix} i_x \\ i_y \end{bmatrix} + \psi_f \begin{bmatrix} \cos\sigma \\ -\sin\sigma \end{bmatrix} \tag{1-26}$$

因为 x 轴是固定在定子磁链上的,所以 ψ_y 是零。通过上式可求得 i_x 及 i_y 的表达式:

$$i_x = \frac{2\psi_f\sin\sigma - [(L_d+L_q)+(L_d-L_q)\cos 2\sigma]}{(L_q-L_d)\sin 2\sigma} \tag{1-27}$$

$$i_y = \frac{2\psi_f\sin\sigma - |\psi_s|(L_d-L_q)\sin 2\sigma}{2L_q L_d} \tag{1-28}$$

转矩方程为

$$T_e = \frac{3}{2}P|\psi_s|i_y \tag{1-29}$$

代入由磁链方程所得的 i_y 表达式,可得

$$T_e = \frac{3P[2\psi_f\sin\sigma - |\psi_s|(L_d-L_q)\sin 2\sigma]}{4L_q L_d} \tag{1-30}$$

1.5　永磁同步电机矢量控制系统

在驱动技术上逐个对磁链、转矩、转矩电流进行控制是直流电机的特色。虽然直流电机具有优异的动态性能,也可以运行无阻,但是其用电成本高,设备沉重,运输不便,变压困难,已逐渐被市场所淘汰。矢量控制主要参考直流电机控制的基本思路,首先对电机的三相(a-b-c)坐标静止电流、电压、磁链进行坐标转换,得到两相(d-q)旋转坐标,然后通过控制电机的转矩 T 达到控制效果。此控制方法的优点是转矩在反应速度上具有良好表现,并且可以准确地控制转速,这与直流电机的工作特性十分相似。

近些年,在电机控制方面也有很多研究系统采用直接转矩控制的方法。虽然直接转矩控制剔除了矢量控制中大量的矢量变换且不依赖于电机的数学模型,但是在转矩和磁链的控制方面不是十分理想,因此本书选用矢量控制方法。

永磁同步电机调速系统中最为重要的部分就是转矩控制,而矢量控制的根本目标就是对转矩控制进行性能上的提升。矢量控制主要是控制定子电流,而定子电流则通过传感器检测出的或利用仿真软件估计出的转子磁通的幅值实现控制,进而完成转矩上的控制。矢量控制的本质就是先对定子电流的矢量部分进行坐标变换[三相(a-b-c)静止坐标转换为两相(d-q)旋转坐标],然后在(d-q)坐标系下描述系统的稳态和暂态。由于坐标变换时需要在定子和转子之间进行位置转换,故测量转子的位置就显得尤为重要。

永磁同步电机矢量控制最常用的 5 种控制方式分别如下:

(1) $i_d = 0$ 控制;

(2) 转矩电流比最大控制;

(3) $\cos \varphi = 1$ 控制;

(4) 最大输出功率控制;

(5) 弱磁控制。

当应用 $i_d = 0$ 控制时,转矩 $T_e = P\psi_f i_q$,这种控制方式适合用于面装式永磁同步电机。本书采用该控制方法的原因如下:首先,定子电流只能产生电磁转矩,这样就可以最大限度地降低铜损,提高效率;其次,应用该方法的系统结构简单、转矩性能优异。矢量控制系统结构如图 1.7 所示。

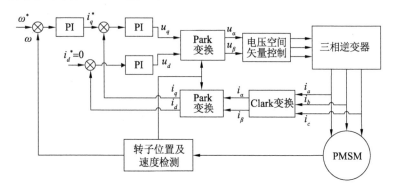

图 1.7　矢量控制系统结构图

从图 1.7 中可以看出,外环 PI 控制器输入信号为转速偏差,即检测出的转子位置信号计算出的转速与设定转速之间的差值,外环 PI 控制器输出为电流分量 i_q^*,将电流分量 i_d^* 设为零且作为内环输入量。面装式永磁同步电机的定子三相静止电流先后经过 Clark 变换和 Park 变换,得出系统实际的 i_q 和 i_d 值,参考值与实际值的偏差经过内外环 PI 调节器的控制就可以分别算出 u_q 和 u_d,u_q 和 u_d 再通过 Park 反变换(Park 的逆变换)求得 u_α 和 u_β。此时,便完成了由 $(d\text{-}q)$ 坐标系向 $(\alpha\text{-}\beta)$ 坐标系的转换,u_α 和 u_β 通过空间矢量脉宽调制以后输入三相逆变器,三相逆变器最终输出三相正弦电压,作为面装式永磁同步电机所需要的输入量。

1.5.1　电压空间矢量控制调制技术

矢量控制的一个重要环节就是空间矢量脉宽调制(SVPWM)。在传统的脉宽调制过程中,控制输出的电压波形为正弦函数是其主要目的。在这种控制目的下,电流的输出波形不能得到保障。为此,学者提出了电压空间矢量控制。它能够在交流电机气隙中形成圆形旋转磁场,逆变器能够跟踪圆形旋转磁场,这种策略被称为追踪磁链控制。该方法的核心思想可以表述如下:在一个脉宽调制的周期内,选择零电压矢量和两个紧邻的非零电压矢量,让它们在不同时间进行矢量的和运算,得到的合成量即为参考电压空间矢量。图 1.8 所示为典型的三相电压逆变器结构。

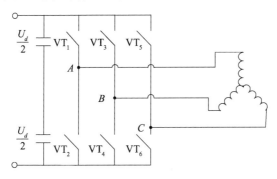

图 1.8   三相电压逆变器结构

由图 1.8 可知,逆变器的上、下桥臂共有 8 种不同的开关组合,包括 2 个零电压矢量和 6 个非零电压矢量,所形成的扇区如图 1.9 所示。

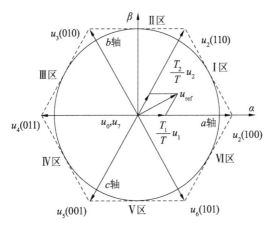

图 1.9   矢量控制系统结构图

在图 1.9 中,参考电压矢量 u_{ref} 所在的扇区用 Ⅰ, Ⅱ, Ⅲ, Ⅳ,

Ⅴ,Ⅵ表示,零电压矢量用 u_0,u_7 表示,非零电压矢量用 $u_1 \sim u_6$ 表示。

对区域内临界的两个非零电压矢量求和,得到参考电压矢量 u_{ref},以第 Ⅰ 扇区为例,u_{ref} 与 u_1,u_2 的关系为

$$\begin{cases} u_{ref}T = u_1 T_1 + u_2 T_2 \\ T = T_1 + T_2 + T_0 \end{cases} \qquad (1\text{-}31)$$

式中:T_0 为零电压矢量的作用时间;T_1,T_2 分别为 u_1,u_2 在一个周期内的采样时间。

在 α 轴和 β 轴上将参考电压矢量坐标分别投影,可得

$$\begin{aligned} u_\alpha T &= |u_1|T_1 + |u_2|T_2 \cos 60° \\ u_\beta T &= |u_2|T_2 \sin 60° \end{aligned} \qquad (1\text{-}32)$$

将式(1-32)整理可得

$$\begin{cases} T_1 = \dfrac{T}{|u_1|}\left(u_\alpha - \dfrac{u_\beta}{\sqrt{3}}\right) = \dfrac{\sqrt{3}\,T}{2u_{dc}}(\sqrt{3}\,u_\alpha - u_\beta) \\ T_2 = \dfrac{2u_\beta T}{\sqrt{3}\,|u_2|} = \dfrac{\sqrt{3}\,T}{u_{dc}}u_\beta \end{cases} \qquad (1\text{-}33)$$

如果 u_{ref} 处在其他区域,同样可以应用上述方法求得两个非零电压的作用时间。

一般剩余时间用零电压矢量作用时间进行补充,因此零电压矢量的作用时间为

$$T_0 = T - T_1 - T_2 \qquad (1\text{-}34)$$

通常,$T_1 + T_2 < T$。

由以上论述可以看出,如果电压矢量所在扇区已知,那么可以通过分解得到相邻的两个有效电压矢量和其作用时间,根据公式(1-34)求出零电压矢量的作用时间。反之,若要判断参考电压矢量 u_{ref} 所处的区域,可依据电压矢量的分量 u_α,u_β。变量 V_{ref1},V_{ref2},V_{ref3} 的定义为

$$\begin{cases} V_{\text{ref1}} = \dfrac{\sqrt{3}\,T}{u_{dc}} u_\beta \\[3mm] V_{\text{ref2}} = \dfrac{\sqrt{3}\,T}{2u_{dc}} (\sqrt{3}\,u_\alpha - u_\beta) \\[3mm] V_{\text{ref3}} = \dfrac{\sqrt{3}\,T}{2u_{dc}} (-\sqrt{3}\,u_\alpha - u_\beta) \end{cases} \quad (1\text{-}35)$$

拟定 3 个变量 a,b,c,如果 $V_{\text{ref1}}>0$,那么 $a=1$,反之则 $a=0$;如果 $V_{\text{ref2}}>0$,那么 $b=1$,反之则 $b=0$;如果 $V_{\text{ref3}}>0$,那么 $c=1$,反之则 $c=0$。如果 $N=4c+2b+a$,那么 N 和扇区位置的对应关系见表 1.1。因此,通过上述公式便可计算出参考电压空间矢量 u_{ref} 所处的扇区。

表 1.1 N 与扇区位置的对应关系

N	1	2	3	4	5	6
扇区	II	VI	I	IV	III	V

定义 3 个变量 X,Y,Z,使其满足方程

$$\begin{cases} X = \dfrac{\sqrt{3}\,T}{u_{dc}} u_\beta \\[3mm] Y = \dfrac{\sqrt{3}\,T}{2u_{dc}} (\sqrt{3}\,u_\alpha + u_\beta) \\[3mm] Z = \dfrac{\sqrt{3}\,T}{2u_{dc}} (-\sqrt{3}\,u_\alpha + u_\beta) \end{cases} \quad (1\text{-}36)$$

则相邻两个基本电压空间矢量的作用时间 T_x,T_y 及扇区位置的对应关系见表 1.2。

相邻的两个非零电压上的作用时间 T_x,T_y 也可以通过计算得出。

当饱和现象发生时,也就是当 $T_x + T_y > T$ 时,$T_x = \dfrac{T_x \cdot T}{T_x + T_y}$,

$$T_y = \frac{T_y \cdot T}{T_x + T_y}\text{。}$$

表 1.2 T_x,T_y 与扇区位置的对应关系

扇区	I	II	III	IV	V	VI
T_x	$-Z$	Z	X	$-X$	$-Y$	Y
T_y	X	Y	$-Y$	Z	$-Z$	$-X$

设定 T_{cmp1},T_{cmp2},T_{cmp3} 分别是 PWM_1,PWM_3,PWM_5 3 个触发脉冲的切换点,同样定义变量 T_a,T_b,T_c 满足条件

$$\begin{cases} T_a = \dfrac{1}{4}(T - T_x - T_y) \\[2mm] T_b = T_a + \dfrac{1}{2}T_x \\[2mm] T_c = T_b + \dfrac{1}{2}T_y \end{cases} \tag{1-37}$$

则扇区与切换点 T_{cmp1},T_{cmp2},T_{cmp3} 之间的对应关系见表 1.3。

表 1.3 扇区位置与 T_{cmp1},T_{cmp2},T_{cmp3} 的对应关系

扇区	I	II	III	IV	V	VI
T_{cmp1}	T_a	T_b	T_c	T_c	T_b	T_a
T_{cmp2}	T_b	T_a	T_a	T_b	T_c	T_c
T_{cmp3}	T_c	T_c	T_b	T_a	T_a	T_b

1.5.2 矢量控制系统参数选择

1. 常规 PI 控制器的设计

在矢量控制系统中,PI 调节器参数是很重要的部分。参数选取将会对电机的静态及动态性能造成直接而重要的影响。它最大的用处就是跟踪反馈量的偏差,并且对控制量实现调节,其控制规律表示为

$$u_{(t)} = K_p\left[e(t) + \frac{1}{T_i}\int_0^t e(t)\,\mathrm{d}t\right] \tag{1-38}$$

为了实现模拟调节功能,可以采用数字 PI 调节器对模拟调节进行数字化处理。从本质上来说,这种调节方式就是先利用差分方程逐渐逼近微分方程,然后对其进行数字模拟。根据离散化处理式(1-38),能够得出离散的 PI 算法

$$u(KT) = K_p e(KT) + K_{pi} \sum_{j=0}^{K} e(j) \qquad (1-39)$$

式中:K 表示采样序号;$u(KT)$ 表示第 K 次采样时刻的控制器输出值;$e(KT)$ 表示第 K 次采样时刻的控制器输入值;积分系数写成 $K_{pi} = K_p \dfrac{T}{T_i}$(其中,$K_p$ 为比例系数;T_i 为积分采样时间)。将采样周期设为 T,只有当采样周期很短时,才能够确保进行离散化处理时获得较高的精度。由式(1-39)的描述可知,实际运算过程中工作量很大,误差也会逐步累加,进而对系统的性能产生影响,同时存储单元会被大量占用。所以需要对式(1-39)进行修改,修改后可知临近的两次采样输出量不同,输出量的变化表示为

$$\Delta u(KT) = u(KT) - u(KT-T) = K_p [e(KT) - e(KT-T)] + K_i e(KT)$$
$$(1-40)$$

从而得到数字 PI 调节器的差分方程为

$$u(KT) = u(KT-T) + K_p [e(KT) - e(KT-T)] + K_i e(KT) \qquad (1-41)$$

式中:$K_i = K_p \dfrac{T}{T_1}$ 为积分系数(其中 T_1 为机电时间常数)。

2. PI 控制器参数设定

由前面对电压和转矩方程的分析研究可知,永磁同步电机的状态方程可以表述为

$$\begin{bmatrix} \dfrac{\mathrm{d}i_q}{\mathrm{d}t} \\ \dfrac{\mathrm{d}\omega_r}{\mathrm{d}t} \end{bmatrix} = \begin{bmatrix} \dfrac{-R_s}{L_q} & \dfrac{-\psi_r}{L_q} \\ \dfrac{K_i}{J} & 0 \end{bmatrix} \begin{bmatrix} i_q \\ \omega_r \end{bmatrix} + \begin{bmatrix} \dfrac{u_q}{L_q} \\ -\dfrac{T_l}{J} \end{bmatrix} \qquad (1-42)$$

式中:J 为转子和所带负载的总的转动惯量。

（1）电流环 PI 控制器的设计

电流环有两个作用：一是保证动态响应的快速性；二是保证动态响应过程中电流不发生过度超调现象。也就是说，当负载突然增加时，应避免发生过量超调现象，并且超调越小越好。为此，将电流环校正为典型 I 型系统。

典型 I 型系统传递函数为

$$W(s) = \frac{K}{s(T_s + 1)} \tag{1-43}$$

PI 型电流调节器的传递函数可以表示为

$$W_{ACR}(s) = \frac{k_i(\tau_i s + 1)}{\tau_i s} \tag{1-44}$$

式中：K 为系统的开环增益；k_i 为电流调节器常数；τ_i 为电流调节器的超前时间常数；T_s 为滞后时间常数。

为了实现控制器的零点对消控制对象的较大的时间常数，取 $\tau_i = T_m$（$T_m = L_q/R_s$ 为电磁时间常数），则式（1-39）（1-40）（1-41）中的 $T = T_s$，$K = k_i K_s / R_s \tau_i$，因此 $k_i = K R_s \tau_i / K_s$。当超调量 $\sigma < 5\%$ 时，阻尼比取值为 $\varepsilon = 0.707$，$KT = 0.5$，继而算出 $k_i = R_s \tau_i / 2K_s T$。将数值代入，即可算出 k_i，τ_i 的具体数值。

（2）速度环 PI 控制器的设计

速度环是控制系统中非常重要的部分。与电流环不同，引入速度环的主要目的是提高系统抵抗负载扰动的能力，希望其能对各种信号波动进行有效抑制。

电流环的传递函数表示为

$$W(s) = \frac{1}{\dfrac{T}{K}s^2 + \dfrac{s}{K} + 1} \tag{1-45}$$

根据转速环截止频率不高这一特点，对电流环进行降阶处理，降阶后为

$$W(s) = \frac{1}{\dfrac{1}{K}s + 1} = \frac{1}{2Ts + 1} \tag{1-46}$$

速度环速度控制器也采用 PI 控制器,并对转速环进行校正,得到典型 Ⅱ 型系统,其开环传递函数为

$$W(s) = \frac{K_n(\tau_n s + 1)}{\tau_n J s(2Ts + 1)} \qquad (1-47)$$

式中:K_n 为转速调节器系数;τ_n 为转速调节器超前时间常数。

根据典型 Ⅱ 型系统设计的要求,系统参数设计的公式为

$$\tau_n = h \cdot 2T \qquad (1-48)$$

$$K_n = \frac{h+1}{2h} \cdot \frac{J}{2TK_i} \qquad (1-49)$$

取环宽 $h = 5$ 代入公式可以求得 τ_n 和 K_n 的数值。

1.6　交流电机无机械传感器控制技术

1.6.1　国内外研究现状

无论是矢量控制,还是直接转矩控制,或者其他先进控制策略,在完成转速的闭环控制时都需要安装机械传感器,如光电编码器、解算器、测速发电机等。机械式传感器虽然可以提供转子位置、速度信号,但也给传动系统带来一系列问题。

首先,机械式传感器增加了电机转轴上的转动惯量,增大了电机的空间尺寸和体积,同时利用它检测转子速度和位置时需要设计电机与控制系统之间的连接线和接口电路,因此系统易受干扰,可靠性不高。

其次,机械式传感器受应用环境限制,其线性度、灵敏度、分辨率易受温度和电磁噪声的干扰,使检测精度受到影响,这是电机控制精度较低的原因之一。

最后,机械式传感器增加了传动系统的成本,限制了电机产品向低成本、实用化、普及化方向发展。

为了解决机械传感器带来的运行成本高、安装困难、环境适应性差、可靠性不高等诸多问题,研究开发一种可靠的、低成本的无机械传感器控制方法,便成了电机控制技术领域的一个研究热点。

1984 年,英国剑桥大学 Acarnley 等提出的应用于同步磁阻电机(Synchronous Reluctance Motor,SRM)的电流波形检测法是最早的电机无传感器转子位置检测方案。其基本思路如下:SRM 的电流变化率取决于电感增量,而电感增量又是由转子位置决定的,利用这一规律可找到转子的位置信息。永磁同步电机无传感器技术研究始于 1989 年,在 20 世纪 90 年代初得到一定的发展。这些早期的无位置传感器技术可统称为波形检测法,即通过检测物理量波形,找到反映特殊位置的特征点,用以辨识位置。这些物理量可以是电压、电流、磁链等。近十几年来,国内外学者在消除位置或速度传感器方面做了大量的研究工作,提出了很多方法。国外许多研究机构和大学对永磁同步电机的无传感器控制技术进行了深入研究。如美国 Wisconsin 大学的 R. D. Loren 教授及其研究团队一直致力于永磁同步电机无传感器控制方法的研究。他们于 1993 年最早提出采用高频信号注入的方法进行永磁同步电机的无传感器控制,取得了许多研究成果,发表了多篇学术论文,还申请了多项专利。韩国汉城国立大学的 Seung-ki Sul 教授 1995 年就开始发表无传感器控制技术方面的研究论文。他在多种机型及多种控制策略和方法上有所尝试。德国 Wuppertal 大学的 H. Joachim 教授及其研究所的研究人员也在从事永磁同步电机的无传感器研究,其研究主要集中在高频信号注入法方面,目前他们已发表多篇相关的研究论文。澳大利亚南威尔士大学的 M. F. Rahman 教授等及意大利的 Alfio Consoli,Antonio Testa 等也对电机的无传感器控制进行了研究。

国内对无传感器技术的研究始于 20 世纪 90 年代,清华大学、哈尔滨工业大学、浙江大学、天津大学、南京航空航天大学、上海交通大学、华中科技大学、沈阳工业大学等高校对交流电机的无位置传感器控制技术进行了深入研究并获得了较多研究成果。这些研究大体是利用直接计算、参数辨识、状态估计、间接测量等手段,从定子侧易测状态量(如定子电压、定子电流)中提取转子速度与位置信号,并将其应用到速度、位置反馈控制系统中。浙江大学的贺益康教授及其研究团队在这方面做了较深入的研究并获得了国家自然科学基金的资助。其研究主要集中在基于凸极效应的高频信号注入法方面,并获得了较好的实验结果。该方法的优点是调速范围宽,系统鲁棒性较强;但是该方法要求电机具有一定的凸极性,即只能用在内装式永磁同步电机或经过特殊结构设计的面装式永磁同步电机上,同时由于高频信号的注入会带来高频噪声,所以转子位置的估算精度不高,目前最大误差为±14.7 电角度。清华大学的研究主要集中在转子初始位置的估算上。他们采用试探性施加电压脉冲,通过检测和比较相应的电流值的方法来判断转子位置。该方法利用了定子铁芯的磁饱和特性,即使在凸极性很小的面装式永磁同步电机上也可以应用,估算效果较好,但估算过程较烦琐,实时性较差,同时所施加的电压脉冲的幅值和作用时间不好选择。天津大学把滑模变结构观测器和推广卡尔曼滤波算法用于永磁同步电机的无传感器控制中,这种方法的估算精度及收敛性较好,抗负载扰动性较强,但目前他们的研究仍停留在仿真阶段,还没有获得实验结果。沈阳工业大学在改善永磁同步电机低速运行下位置估算精度方面取得了一定的研究进展,他们提出的方法在低速和零速位置估算精度较高且鲁棒性较强,但其研究也停留在仿真阶段。华中科技大学也在无传感器永磁同步电机控制方面开展了一些研究工作,针对磁钢表面安装式永磁同步电机(无凸极性)开发出一种初始位置估计的方法。但因该电机直轴和交轴电感近似相等,相对于内装式电机,要准确可靠地估计其初始转子位置,难度更高。其他如上海大学及西安交通大学等高校也对无传感器控制进行了研究,并发表了相关论文。一些控制芯片生产厂家(如美国 Microchip 公司)已经将无传感器控制的永磁同步电机系统应用在了家用电器上,但目前只适用于位置开环、稳速精度要求不高的场合。为解决以上研究中尚存在的问题,本书提出了一种基于高频电压信号注入的新的估计转子初始位置的方法。该方法不需要额外的硬件,仅通过软件实现位置角的估计,算法简单,易于实现。目前的实验结果基本证明了该方法的可行性。

在无位置传感器永磁同步电机系统中,永磁同步电机无疑是核心部分,为电机系统选择一个适合的控制策略是满足系统性能要求的基本保证。因此,永磁同步电机控制器的设计在无机械传感器控制系统设计中是至关重要的。本节将对无机械传感器永磁同步电机控制策略的研究现状进行阐述。

目前交流电机无传感器矢量控制根据控制对象的不同可以分为三类:异步电机无传感器控制、无刷直流电机无传感器控制和永磁同步电机无传感器控制。本书研究范畴为永磁同步电机无传感器矢量控制技术,为了全面客观地把握整个交流电机无传感器控制技术的发展现状,有必要对电机无传感器控制技术的发展状况做一些简单介绍。

1. 异步电机无传感器控制研究现状

电机无传感器控制研究最早始于异步电机,随着异步电机无传感器理论的不断完善及专用电机控制数字信号处理器的推出,实现异步电机无传感器控制成为可能。目前 SIEMENS,YASKAWA,TOSHIBA,GE,Rockwell Automation,MISTUBISHI,FUJI 等国外知名公司均有无传感器矢量控制变频器产品,控制性能也不断完善。

其控制方式大致可以分为三大类:基于电机数学模型的开环估计、基于闭环控制构造的转速信号及利用电机本体结构上的特征提取转速信号。其中,基于电机数学模型的开环估计是指利用电机电压空间矢量及定转子磁链方程,直接计算出电机转速,一般有通过定转子磁链计算转子速度和利用电动势计算转子速度两种方法。这类方法的估计精度很容易受到数学模型中参数变化的影响,特别是在低速时,参数的偏差会使得开环估计的准确度大大降低,严重影响系统的动、稳态性能。为此,有学者专门开展参数在线辨识研究,以提高系统参数准确性。总体来说,开环估计法简单直接,运算量小,实现容易,但是误差较大,不宜应用在高性能异步电机无传感器矢量控制系统中。

基于闭环控制构造的转速信号系统多采用 PI 调节器构成闭环控制,根据 PI 控制的特点,将 PI 调节器输出量设为转速,输入量取影响转速并在稳态时趋于零的变量[它既可以是定子电流给定转矩分量与定子电流实际转矩分量的差值,也可以是电磁转矩给定量与实际转矩量的差值,或者是转子磁链电压模型或电流模型构成的模型参考自适应系统对应的广义误差信号(如磁链幅值差)],通过 PI 调节器的作用能得到转速估算量,其系统控制原理框图如图 1.10 所示。这类方法同样简单实用,可靠性高,但是由于 PI 调节器自身特点,动态转速的准确度依赖于 PI 参数的整定,对于不同的负载,需要设定不同的 PI 参数,增加了工作量。

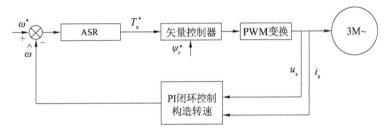

图 1.10 基于闭环控制构造的转速信号系统

无论是开环控制设计还是基于 PI 控制器的闭环控制设计,都离不开电机的数学模型,因此其控制精度一定程度上会受电机参数变化的影响,虽然闭环控制可以部分地弥补这一缺陷,但是无法完全摆脱电机参数的影响。如果能从电机本身的结构出发,找到与转速相关的信息,就可以不受电机数学模型的牵制。目前主要有两类方法:一类是检测转子齿槽谐波磁场在定子绕组中感应出来的谐波电动势,通过快速傅里叶变换和光谱分析来辨识转速信号。另一类是利用转子凸极性,通过对定子绕组注入高频信号,从高频载波信号中提取转子位置和速度信号。但是这两类方法对系统硬件及信号处理的要求非常高,给系统设计带来很大的麻烦。另外,有些学者尝试将各种观测器如滑模观测器、自适应观测器、扩展卡尔曼滤波器等,以及智能控制中的神经网络、模糊控制应用到异步电机无传感器矢量控制系统中,但这些研究目前都处于理论探索阶段。总体来说,目前异步电机无传感器矢量控制技术发展相对成熟,已步入商业化实用阶段,广泛应用于印刷、印染、纺织机、钢铁生产线、起重、电动汽车等领域。

2. 永磁同步电机无传感器控制研究现状

在对永磁同步电机进行高性能控制时,转子位置角是进行矢量解耦的必要条件,通常采用光电编码器、磁编码器及旋转变压器等位置传感器进行转子位置与速度估计,采用传感器可以准确、方便地获得转子位置信息,是电机控制系统设计的首选方案。然而,在复杂环境下位置传感器存在安装困难、对环境要求苛刻、响应较慢、抗电磁干扰能力弱等问题。因此,开展无位置传感器控制技术的研究对于增强控制系统的环境适应能力、提高系统可靠性具有重要的理论与现实意义。

永磁同步电机是在电励磁三相同步电机的基础上发展起来的,其定子部分与电励磁三相同步电机定子部分基本相同,转子部分采用永磁体代替电励磁系统,省去了励磁绕组、集电环和电刷,使得电机体积和质量大为减小。与同容量异步电机相比,永磁同步电机效率能提高4%到10%,功率因素提高5%到20%。在现代大容量伺服系统及风力发电系统使用的风机中,永磁同步电机所占的比例越来越高。由于针对它的各种运行控制都是建立在闭环控制基础上的,因此必然存在机械传感器带来的一系列问题,如在兆瓦级直驱风电系统中,直驱永磁同步电机直接与风力机箱连接,其机械结构特点常使位置传感器无法安装。为此,国内外很多学者致力于永磁同步电机的无传感器控制技术研究,并积极推进相关技术的产业化应用。但是,目前仍然没有很好的办法实现永磁同步电机全速范围内的无传感器控制,因此永磁同步电机无传感器控制的研究成为电力传动领域的研究热点和难点,也是本书的主要研究范畴。

国内外学者对永磁同步电机无速度传感器的研究始于20世纪70年代。1975年A. B. Bondantia等推导出了基于稳态方程的转差频率估计方法,进行了无速度传感器领域的首度尝试,调速比可达 10：1。但是由于其以稳态方程为出发点,因此动态性能和调速的精度无法保证。1979 年 SHI DAM 等学者利用转子齿谐波来检测转速,由于当时的检测技术和芯片的运算能力有限,所以速度超过 300 rad/s 才会有较好的效果。1983 年 R. Joetten 等首次将无速度传感器技术应用于永磁同步电机矢量控制。美国麻省理工学院(MIT)电机工程系的学者在 1992 年发表了采用全阶状态观测器的无传感器永磁同步电机调速系统的论文,由于该方法中状态观测器受电机参数变化的影响较大,需要另外一个状态观测器来估计电机的参数,因此使无传感器永磁同步调速系统的估计算法变得复杂且不精确。近年来德国亚琛工业大学(RWTH Aachen University)电机研究所的学者先后开展了采用推广卡尔曼滤波器的永磁同步电机无机械传感器调速系统研究。我国自 20 世纪 90 年代也开始了永磁同步电机无速度传感器控制技术的研究,但主要局限于各高等院校在理论上的分析,实际应用较少。

目前,适用于永磁同步电机无速度传感器的控制策略可分为两大类:① 适用于中、高速的方法。这类方法依赖于电机基波激励模型中与转速有关的量,如从反电动势中提取转子位置信息等。但是在电机零速或者低速时,该方法信噪比很低,信号提取困难。② 适用于零速或极低速的方法。其基本原理是检测电机的凸极,由于电机的凸极中含有转子位置信息,因此通过不同的励磁方式和不同的信号检测和分离方法,可将位置信息估计出来。

1.6.2 控制策略分类

1. 适用于中、高速运行的无传感器控制技术

由于永磁同步电机是强耦合的非线性系统,因此仅仅依靠传统 PID(比例积分微分)控制很难获得高性能的控制。近年来,为了进一步提高交流调速系统的控制性能,弥补 PID 经典控制理论对非线性系统调节能力不足的缺陷,国内外学者致力于将滑模控制、自抗扰控制、模糊控制、神经网络控制等算法引入电机控制领域,并与矢量控制和直接转矩控制理论结合,以满足系统的动、静

态性能指标要求,实现高性能永磁同步电机控制。所有算法中,由于滑模控制理论和自抗扰控制理论对内部参数摄动和外部干扰具有较强的鲁棒性和较高的控制精度,且实现简单,故成为提高永磁同步电机控制系统性能的有效手段之一,引起越来越多的国内外学者的关注。应用于无传感器永磁同步电机中高速运行控制领域的主要方法有以下几种:

(1)检测电机相电感变化的位置估计法。在内装式永磁同步电动机中,电机直轴和交轴磁阻的不同导致绕组电感的变化。电感的变化可以作为位置函数以获得转子的位置信息。这种算法得出的位置估计精度依赖于电感的计算精度,当电感计算有较大误差时,位置估计误差也较大,因此现在应用不多。

(2)模型参考自适应估计法。该方法是基于假定转子位置的位置估计法,其主要思路如下:先假设转子所在位置,利用电机模型计算出在该假设位置时电机的电压或电流值,并通过与实测的电压或电流比较得出两者的差值,该差值正比于假设位置与实际位置之间的角度差。若该差值为零,则可认为此时假设位置为真实位置。但是这种方法的估计精度仍然受电机参数变化的影响。

(3)磁链估计法。永磁同步电机的基本控制原理是磁场定向控制,关键是如何根据测量到的电机电流和电压信号来估计电机的转子磁极位置。定子磁链优化控制方法,在低速时通过电流模型计算磁链对电压模型磁链进行补偿,电流模型的位置信息来源于信号注入的估计值。

(4)基于状态观测器的位置估算法。状态观测器的实质是一种状态重构,也就是重新构造一个系统,将原系统中可直接测量的变量作为它的输入信号,并使其重构的状态在一定条件下等价于原系统的状态,等价的原则就是两者的误差在动态变化中能够渐近稳定地趋于零。基于状态观测器的位置估算方法具有动态性能好、稳定性高、适应面广等特点;其缺点是在低速时调速效果依然不理想,且算法复杂。

(5)滑模变结构方法。滑模变结构控制是苏联学者 Utkin 和

Emelyanov 在 20 世纪 50 年代末提出的一种非线性控制方法。其主要思路如下:预先为控制系统在状态空间设计一个特殊的开关面,在系统变量从起始点运动到开关面之前,系统的控制结构维持一种形式,当系统变量到达开关面后,开始自适应地调整控制律,最终使系统状态变量沿着开关面一直滑动到平衡点,此时系统的控制结构维持另一种形式。滑模变结构控制是一种系统结构随时间变化的开关特性。由于滑模面一般都是固定的,且滑模运动的特性是预先设计的,系统稳定性与动态品质仅取决于滑模面及其参数,因此系统对于电机参数变化和外部干扰不敏感,且具有结构简单、响应快速,对系统内部参数摄动、外部干扰等具有较强鲁棒性等特点。其缺点是估计变量中含有高次谐波,尽管可以进行滤波处理,但通常滤波会引起相位偏移,进而影响估计精度,因此,如何消除滑模观测器自身的振荡现象是其在无传感器控制领域应用时需解决的问题。

(6)自抗扰控制器法。这是中国科学院韩京清研究员提出的一种新型非线性控制器,这种控制器基于非线性 PID 控制器发展而来,结合了经典 PID 控制不依赖于对象精确模型的优点及现代控制理论完善的控制系统分析方法,解决了经典 PID 控制快速与超调之间的矛盾,突破了现代控制理论依赖于控制对象模型的限制,因此具有广阔的应用前景。自抗扰控制器由扩张状态观测器、跟踪微分器和非线性反馈控制律三部分组成,具有动态和静态性能良好、抗扰动能力强的优点,广泛应用于众多非线性控制领域。

目前,自抗扰控制器已经在电力电子系统领域、伺服系统领域、励磁控制领域、混沌系统领域、抗振减振系统领域等众多领域得到理论及实际的研究与应用,其中在交流电机伺服领域的应用取得了显著效果。夏长亮等将自抗扰控制器应用于无刷直流电机控制系统,控制系统对于直流电机模型具有良好的动态性能和鲁棒性;冯光等将自抗扰控制器应用于高性能异步电机调速控制系统;苏位峰等将自抗扰控制器应用于异步电机的矢量控制,控制系统对于异步电机具有良好的控制性能;孙凯等将自抗扰控制器应用于永磁同步电机位置控制;刘志刚等将自抗扰控制器应用于永磁同步电机模型辨识与补偿控制。

（7）人工智能理论估算方法。20世纪90年代以来,电气传动中的控制方案逐步走向多元化,智能控制思想开始应用于永磁同步电机无传感器控制领域(如模糊控制、神经网络等)。智能控制不仅可以取代传统PI调节器,还可以在电机和控制器参数未知的前提下,完成对各种状态量的估计,因此对参数的依赖性小,系统稳定性能好。其中,基于神经网络的方法在速度估计中应用最广,特别是前馈多层模型神经网络法。然而,智能控制的很多理论和技术需要专门的硬件支持,难度较大,离实用化还较远。但随着智能控制理论的不断完善及硬件数据处理功能的增强,基于人工智能方法的无传感器控制技术将会给电机传动领域带来革命性的变化。

2. 适用于低速运行的无传感器控制技术

电机零速和低速时的启动方法主要有开环启动法和高频信号注入法两种。开环启动法是指采用转子虚拟位置对电机进行启动。高频信号注入法是指在电子定子端额外加入电压信号,根据电流对此电压信号的响应来计算转子的实际位置。

（1）开环启动法

开环启动法可分为零速和低速两个部分。零速时初始位置的判断方法主要有预定位法和主磁路饱和特性法。预定位法是指让转子磁场与某一方向对齐,这可以通过逆变器加入特殊门信号来实现,也可以通过在电流闭环条件下控制电流矢量在所需方向停留一段时间来实现。在实际工作中,转子的实际位置和预估位置会有一定偏差,但此偏差一般较小。该法的主要缺点是在预定位过程中可能存在反转现象,不满足某些场合的要求。主磁路饱和特性法是指根据主磁路接近饱和的特性,在绕组中加入正反两个方向的电流时电感不相同,此时可以根据电流变化率来判断转子的初始位置。

低速启动方法主要有电压开环启动法和电流闭环启动法。电压开环启动法是指以开环给定电压进行电机启动,由于没有电压闭环,启动过程中可能出现电流较大的情况。电流闭环启动法是指使控制器工作在电流闭环模式,给定电流幅值,同时给定转子虚拟位置为加速度信号,实现电机启动。在实际应用时应根据转动惯量、力矩系数进行电流幅值和加速度信号的调节。这两种方法主要应用于低速时转矩较小的情况,如风机泵类负载。需要指出的是,开环启动法在启动过程中转子实际速度与虚拟速度之差会有振荡,应根据具体条件进行参数调节,以减小振荡,保证顺利地切入中、高速无位置传感器闭环控制系统。

(2)高频信号注入法

高频信号注入法是根据电机凸极特性,在定子端注入高频电压信号,通过测量定子电流中的高频信号信息,进行转子实际位置计算的方法。根据注入信号方法的不同,高频信号注入法可分为以下几种:

① 基于旋转矢量励磁和电流解调技术的零速和低速无传感器控制方法。这种方法是目前应用最多的一种零速和低速无传感器控制方法。它是由 D. L. Robert 教授等提出的,主要思想是将旋转高频激励信号加入通过转子位置估计值建立的$(d-q)$坐标系,得出磁链的q轴为零,d轴为正弦形式,从而进一步计算出q轴电流是包含位置偏差的正弦形式。根据q轴电流测量值,即可计算出位置偏差,从而进一步修正转子位置估计值。

② 基于脉动矢量励磁和高频阻抗测量的永磁同步电机零速和低速转子位置估计。该方法由学者 Jung-IK Ha 等提出,其基于检测电机的凸极,通过将脉动矢量注入旋转坐标系的d轴,产生永磁同步电机的高频阻抗,并依据测量电流来计算高频阻抗。由于高频阻抗包含位置信息,因此通过对高频阻抗的处理,可以提取出转子磁极的位置信号。该方法需要一个位置预先估计值,用于实现注入信号从静止坐标系到旋转坐标系的变换。其优点是不依赖电机参数,对环境和测量误差不敏感;缺点是在高速时不能可靠地工作,且只适用于低速运行时的永磁同步电机。

③ 基于旋转矢量励磁和相位的方法。该方法由学者 T. Noguchi

等提出,具体方法是轮流向静止坐标系各坐标轴输入高频信号,根据电压和电流间的相位差来计算初始位置。这种方法只能检测电机初始位置,不能用于低速运行时的电机,且对电机参数敏感。

高频信号注入法主要针对具有凸极效应的永磁同步电机,当电机不具有凸极效应或者凸极效应较弱时无法使用。高频信号注入法理论上可达到较高的精度,主要问题在于其对于电流检测硬件电路精度和算法实现的要求较高,采样电路和算法实现应能够准确检测出电流微小的变化,否则将无法正确计算出转子的实际位置。

由于面装式永磁同步电机属于隐极式交流电机,不具备结构上固有的凸极性,因此无法直接采用常规高频信号注入法实现转子自检测。有学者提出,通过电机定子特殊设计,对 d 轴、q 轴不同方向注入高频电压信号后的电机磁饱和现象进行分析,能够获得与转子空间位置有关的磁饱和凸极效应,使得高频信号注入法能够应用于面装式永磁同步电机。

1.7 小结

无位置传感器永磁同步电机系统是近年来研究的热点。本章通过分析大量相关的文献,在总结前人研究成果的基础上,对无位置传感器永磁同步电机系统的转子位置检测及智能控制技术等相关问题进行了较为深入的研究。首先,对永磁同步电机的结构及分类进行了简要的介绍,同时选定面装式永磁同步电机作为研究对象,以坐标变换为基本出发点,研究电压和电流在不同坐标系间的转换关系,包括从 $(a-b-c)$ 坐标系到 $(\alpha-\beta)$ 坐标系,以及从 $(\alpha-\beta)$ 坐标系到 $(d-q)$ 坐标系的变换。通过坐标变换进行推倒,得出各个不同坐标系下面装式永磁同步电机的电压方程、转矩方程、磁链方程、运动方程。其次,详细地分析了永磁同步电机的矢量控制系统,重点对电压空间矢量控制的计算模型进行研究,并对面装式永磁同步电机矢量控制系统的基本理论及其参数选择加以分析,为后面的研究打好基础。

第2章 低速运行永磁电机转子位置检测技术

永磁同步电机无传感器控制在中速和高速运行时多采用基波模型激励的方法,该方法实现简单,动态性能比较好,可以取得良好的效果,但在零速或低速运行时会因反电动势过小或根本无法检测导致失效,因此基于基波模型的速度及位置检测方法难以满足零速及低速的永磁同步电机无传感器控制的要求。

为了在零速及低速时也能够获得精确的转子位置信息,高频信号(电压或者电流)注入法被广泛使用。该方法利用电机转子空间凸极效应(这种凸极效应既可以是电机磁路饱和引起的饱和性凸极,也可以是电机转子本身具有的结构性凸极),根据电阻和电感的空间变化来映射转子的空间位置。高频信号注入法有三个限制条件:首先,电机要具有凸极效应;其次,需要高频信号的注入;最后,需要设计具有一定带宽的滤波器来提取转子位置信息。

2.1 基本原理

2.1.1 饱和性凸极效应原理分析

因为高频信号注入法没有利用电机的数学参数和模型,而是利用了电机的凸极性,因此,系统鲁棒性好,电机参数的变化不会对该方法造成影响。依据注入信号的不同,高频信号注入法主要分为旋转高频电压信号注入法、脉振高频电压信号注入法(HFPVI)和旋转高频电流信号注入法三类,其中脉振高频电压信号注入法随着饱和性凸极的变化,转子位置的估计值可以实时地跟踪真实值,不用进行补偿。若面装式永磁同步电机上采用脉振高频电压信号注入法,就更容易检测转子速度及位置信号,所以此方法在工程应用中具有现实意义。

面装式永磁同步电机各坐标系关系如图 2.1 所示,在估计的同步转速旋转坐标系 $\hat{d}$ 轴上注入高频脉振电压信号 $U_h\cos\omega_h t$,其中,注入电压幅值为 U_h,注入电压频率为 ω_h,定义转子位置估计误差 $\Delta\theta_r=\theta_r-\hat{\theta}_r$,这里 θ_r 为转子位置实际值,$\hat{\theta}_r$ 为转子位置估计值。

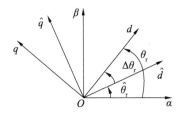

图 2.1　面装式永磁同步电机各坐标系关系图

前面已经提到,电机内部具有凸极性效应是使用高频信号注入法的必要条件之一。电机内部一种凸极效应产生于电机定子铁芯非线性饱和(饱和性凸极效应),另外一种凸极效应产生于电机结构中定子绕组的直、交轴电感不对称(结构性凸极效应)。面装式永磁同步电机具有很强的饱和性凸极效应,因此脉振高频电压信号注入法能够很好地跟踪饱和性凸极位置。

在面装式永磁同步电机中,直轴的磁路和交轴磁路基本相似,其所用永磁体的磁导率和空气的磁导率大致相等,所以,通常认为 $L_d=L_q$。为了提高设备的利用率,常在空载条件下使永磁同步电机的主磁路处于基本饱和状态,在电机带有负载时,磁路的饱和程度会出现增强或是减弱的变化,这是定子励磁电流磁场的叠加作用造成的。对于面装式永磁同步电机,只要 d 轴上存在的转子永磁励磁磁场 ψ_f 足够大,就会使 d 轴磁路达到饱和。

图 2.2 所示为永磁同步电机直轴磁路 $\psi-i$ 特性曲线,由图可知,受到磁路饱和的影响,面装式永磁同步电机交、直轴电感是不同的。图中,永磁体等效励磁电流用 i_f 表示,由于 q 轴的磁场不受励磁电流 i_f 影响,q 轴磁路工作在原点,d 轴磁路的工作点为坐标轴上的 A 点。由式(2-1)可以得到,当在 A 点通入能够产生相同磁

链的正反向 d 轴电流 i_d^+ 和 i_d^- 后,就可以使得 $L_d^+ < L_d^-$。此时,交轴磁路特性曲线和直轴磁路特性曲线大体一致,都在原点工作,不存在饱和现象,因此有 $L_q^+ = L_q^- = L_q$。由上面的分析可知,只要通入适当的正向 d 轴电流,就会使 $L_d < L_q$,这样电机的凸极性就会在永磁同步电机气隙磁路上充分表现出来。

$$L = \frac{\mathrm{d}\psi}{\mathrm{d}i_d} \qquad (2\text{-}1)$$

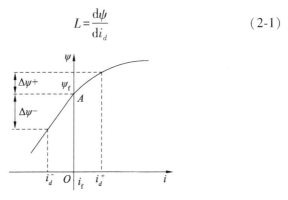

图 2.2　直轴磁路 $\psi\text{-}i$ 特性曲线

首先,如果转子估计位置 $\hat{\theta}_r$ 和转子实际位置 θ_r 一致,在 d 轴上直接注入高频脉振电压矢量,在励磁磁场 ψ_f 上就会叠加由高频脉振电压产生的交变磁场,励磁磁路的饱和程度发生变化,产生饱和性凸极效应,注入的电压信号经由这种饱和性凸极效应的调制,可反映出转子位置相关信息,调制结果反映在定子高频电流响应信号中。其次,如果转子估计位置 $\hat{\theta}_r$ 和转子实际位置 θ_r 不一致,则这种调制作用会发生相应的变化,结果同样会反映在相应的高频电流响应中。

可见,无论转子估计位置 $\hat{\theta}_r$ 和转子实际位置 θ_r 是否一致,转子位置及估计误差等信息都能在高频电流响应信号中体现出来,因此,只要能从高频电流响应信号中提取出与位置相关的有用信息,即可进行转子的位置辨识。

2.1.2　面装式永磁同步电机同步旋转坐标系下的动态等效电路

图 2.3 所示为面装式永磁同步电机在同步旋转($d\text{-}q$)坐标系

下的动态等效电路,分为 d 轴等效电路和 q 轴等效电路。

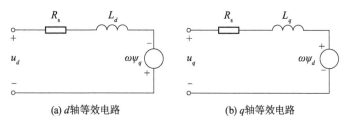

(a) d轴等效电路　　　　　　　(b) q轴等效电路

图 2.3　面装式永磁同步电机在 d,q 轴的等效电路

面装式永磁同步电机在 $(d-q)$ 坐标系下的数学模型可重写为

$$\begin{bmatrix} u_d \\ u_q \end{bmatrix} = \begin{bmatrix} R_s & 0 \\ 0 & R_s \end{bmatrix}\begin{bmatrix} i_d \\ i_q \end{bmatrix} + \frac{\mathrm{d}}{\mathrm{d}t}\begin{bmatrix} \psi_d \\ \psi_q \end{bmatrix} + \omega_r\begin{bmatrix} 0 & -1 \\ 1 & 0 \end{bmatrix}\begin{bmatrix} \psi_d \\ \psi_q \end{bmatrix} \tag{2-2}$$

$$\begin{bmatrix} \psi_d \\ \psi_q \end{bmatrix} = \begin{bmatrix} L_d & 0 \\ 0 & L_q \end{bmatrix}\begin{bmatrix} i_d \\ i_q \end{bmatrix} + \begin{bmatrix} \psi_{pm} \\ 0 \end{bmatrix} \tag{2-3}$$

式中: u,i,ψ 分别为定子电压、电流和磁链;下角标 d,q 分别代表定子直轴、交轴分量; R_s 为定子绕组电阻; L_d,L_q 为定子绕组直轴和交轴电感; ψ_{pm} 为转子永磁磁链; ω_r 为 $(d-q)$ 轴旋转角速度,即同步转速、转子转速; θ_r 为转子位置。

将式(2-3)代入式(2-2)得

$$\begin{bmatrix} u_d \\ u_q \end{bmatrix} = \begin{bmatrix} R_s & 0 \\ 0 & R_s \end{bmatrix}\begin{bmatrix} i_d \\ i_q \end{bmatrix} + 2L_2\omega_r\begin{bmatrix} -\sin 2\theta_r & \cos 2\theta_r \\ \cos 2\theta_r & \sin 2\theta_r \end{bmatrix}\begin{bmatrix} i_d \\ i_q \end{bmatrix} +$$

$$\begin{bmatrix} L_1+L_2\cos 2\theta_r & L_2\sin 2\theta_r \\ L_2\sin 2\theta_r & L_1-L_2\cos 2\theta_r \end{bmatrix}\begin{bmatrix} \dfrac{\mathrm{d}i_d}{\mathrm{d}t} \\ \dfrac{\mathrm{d}i_q}{\mathrm{d}t} \end{bmatrix} + \omega_r\psi_{pm}\begin{bmatrix} -\sin\theta_r \\ \cos\theta_r \end{bmatrix}$$

$$\tag{2-4}$$

式中:定义共模电感 $L_1=(L_d+L_q)/2$,差模电感 $L_2=(L_d-L_q)/2$ 。

2.1.3　转子位置信号提取及其跟踪观测

当注入的高频电压信号频率相比于基波运行频率大很多时,定子电阻 R_s 、反电动势和旋转电压都可以忽略不计,在这种情况下面装式永磁同步电机定子绕组可以看成纯电感。另外,式(2-4)中第三项是对高频电流信号求导,其值远大于其他三项,因此,高频信号的电磁关系可以简化为

$$
\begin{bmatrix} u_{dh} \\ u_{qh} \end{bmatrix} = \begin{bmatrix} L_1+L_2\cos 2\theta_r & L_2\sin 2\theta_r \\ L_2\sin 2\theta_r & L_1-L_2\cos 2\theta_r \end{bmatrix} \begin{bmatrix} \dfrac{\mathrm{d}i_{dh}}{\mathrm{d}t} \\ \dfrac{\mathrm{d}i_{qh}}{\mathrm{d}t} \end{bmatrix} \tag{2-5}
$$

式中包含了转子位置信息。

设 $\hat{u}_{dh}, \hat{u}_{qh}, \hat{i}_{dh}, \hat{i}_{qh}$ 分别为在估计同步旋转($\hat{d}$-$\hat{q}$)坐标系上注入的高频电压及相应的响应电流,由于在(d-q)坐标系下表示高频信号的电磁关系时无法预知转子的真实位置,实际所用的同步旋转坐标系是以估计位置角 $\hat{\theta}_r$ 为基准的,因此,估计同步旋转($\hat{d}$-$\hat{q}$)坐标系上电磁关系可用转子位置估计误差 $\Delta\theta_r$ 表示为

$$
\begin{bmatrix} \hat{u}_{dh} \\ \hat{u}_{qh} \end{bmatrix} = \begin{bmatrix} L_1+L_2\cos 2\Delta\theta_r & L_2\sin 2\Delta\theta_r \\ L_2\sin 2\Delta\theta_r & L_1-L_2\cos 2\Delta\theta_r \end{bmatrix} \begin{bmatrix} \dfrac{\mathrm{d}\hat{i}_{dh}}{\mathrm{d}t} \\ \dfrac{\mathrm{d}\hat{i}_{qh}}{\mathrm{d}t} \end{bmatrix} \tag{2-6}
$$

矩阵求逆得

$$
\begin{bmatrix} \dfrac{\mathrm{d}\hat{i}_{dh}}{\mathrm{d}t} \\ \dfrac{\mathrm{d}\hat{i}_{qh}}{\mathrm{d}t} \end{bmatrix} = \frac{1}{L_1^2-L_2^2} \begin{bmatrix} L_1-L_2\cos 2\Delta\theta_r & -L_2\sin 2\Delta\theta_r \\ -L_2\sin 2\Delta\theta_r & L_1+L_2\cos 2\Delta\theta_r \end{bmatrix} \begin{bmatrix} \hat{u}_{dh} \\ \hat{u}_{qh} \end{bmatrix} \tag{2-7}
$$

$$
\begin{bmatrix} \hat{i}_{dh} \\ \hat{i}_{qh} \end{bmatrix} = \frac{U_h\sin \omega_h t}{\omega_h(L_1^2-L_2^2)} \begin{bmatrix} L_1-L_2\cos 2\Delta\theta_r & -L_2\sin 2\Delta\theta_r \\ -L_2\sin 2\Delta\theta_r & L_1+L_2\cos 2\Delta\theta_r \end{bmatrix} \begin{bmatrix} \hat{u}_{dh} \\ \hat{u}_{qh} \end{bmatrix}
$$

$$\tag{2-8}$$

在估计转速旋转的($\hat{d}$-$\hat{q}$)坐标系中,注入的脉振高频电压信号分为两类:信号 1:$\begin{bmatrix} \hat{u}_{dh} \\ \hat{u}_{qh} \end{bmatrix} = \begin{bmatrix} 0 \\ U_h\cos \omega_h t \end{bmatrix}$,信号 2:$\begin{bmatrix} \hat{u}_{dh} \\ \hat{u}_{qh} \end{bmatrix} =$

$\begin{bmatrix} U_h \cos \omega_h t \\ 0 \end{bmatrix}$。注入信号 1 时检测 $\hat{i}_d$，注入信号 2 时检测 $\hat{i}_q$。

将信号 1 代入式(2-8)简化为

$$\begin{bmatrix} \hat{i}_{dh} \\ \hat{i}_{qh} \end{bmatrix} = \frac{U_h \sin \omega_h t}{\omega_h (L_1^2 - L_2^2)} \begin{bmatrix} -L_2 \sin 2\Delta\theta_r \\ L_1 + L_2 \cos 2\Delta\theta_r \end{bmatrix} \qquad (2-9)$$

可以看出，$\Delta\theta_r$(转子位置误差)的数值为零时，q 轴上的高频电流分量不为零，这样，系统中会产生较大的转矩脉动，对系统的稳定运行极其不利。

将信号 2 代入式(2-8)简化为

$$\begin{bmatrix} \hat{i}_{dh} \\ \hat{i}_{qh} \end{bmatrix} = \frac{U_h \sin \omega_h t}{\omega_h (L_1^2 - L_2^2)} \begin{bmatrix} L_1 - L_2 \cos 2\Delta\theta_r \\ -L_2 \sin 2\Delta\theta_r \end{bmatrix} \qquad (2-10)$$

由式(2-10)可见，$\hat{d}$ 轴上的高频电流分量不仅受到脉振电压幅值、频率、转子位置误差的影响，而且与共模电感 L_1、差模电感 L_2 存在一定的关系。当转子位置估计误差 $\Delta\theta_r$ 为零时，$\hat{d}$ 轴上的高频电流分量不为零；从 $\hat{q}$ 轴方面考虑，当 $\Delta\theta_r$ 逐渐接近于零时，$\hat{q}$ 轴高频电流会随之慢慢变小，这样，转子位置跟踪观测器的输入信号可以从 $\hat{q}$ 轴提取，即将 $\hat{q}$ 轴高频电流经适当信号处理后作为输入信号，从而获得转子的位置信息和速度信息。同时，因高频电压注入带来的转矩脉动，也会随着转子位置估计误差的缩小逼近于零。因此，采用在 $\hat{d}$ 轴注入高频电压信号，在 $\hat{q}$ 轴提取转子速度和位置信号的方法更为有效。

2.1.4 $\hat{q}$ 轴磁极位置检测

本书选择在 $\hat{d}$ 轴注入高频电压信号检测 $\hat{q}$ 轴的磁极位置的方法，对提取出的 $\hat{q}$ 轴高频电流进行信号处理，将高频信号滤去，保留包含转子位置估计误差角在内的低频信号，经滤波器滤波后得到转子位置观测器输入信号，过程如下：先对 $\hat{q}$ 轴高频电流信号 $\hat{i}_{qh}$ 的幅值进行调制，调制后的信号通过低通滤波器(LPF)处理，获得转子位置观测器的输入信号，即

$$\hat{i}_{qh} = \frac{U_{h}\sin \omega_{h}t(-L_{2}\sin 2\Delta\theta_{r})}{\omega_{h}(L_{1}^{2}-L_{2}^{2})} \qquad (2\text{-}11)$$

$$\begin{aligned}\hat{i}_{\theta} &= \text{LPF}\left[\hat{i}_{qh}(-\sin \omega_{h}t)\right]\\ &= \text{LPF}\left[\frac{U_{h}L_{2}}{\omega_{h}(L_{1}^{2}-L_{2}^{2})}\sin 2\Delta\theta_{r}(\sin \omega_{h}t)^{2}\right]\\ &= \frac{U_{h}L_{2}}{\omega_{h}(L_{1}^{2}-L_{2}^{2})}\sin 2\Delta\theta_{r}\cdot\text{LPF}\left[\frac{1}{2}-\frac{1}{2}\cos 2\omega_{h}t\right]\\ &= \frac{U_{h}L_{2}}{2\omega_{h}(L_{1}^{2}-L_{2}^{2})}\sin 2\Delta\theta_{r}\\ &\approx \frac{U_{h}L_{2}}{\omega_{h}(L_{1}^{2}-L_{2}^{2})}\Delta\theta_{r} \qquad (2\text{-}12)\end{aligned}$$

由上式可知,当 $\Delta\theta_{r}$ 数值比较小时,可以认为 $\hat{i}_{\theta}$ 与 $\Delta\theta_{r}$ 近似成正比关系,此时,通过调整 $\hat{i}_{\theta}$ 可使 $\Delta\theta_{r}$ 接近实际值 $\hat{\theta}_{r}$。为了将二次谐波分量滤去,要选择有适当转折频率的低通滤波器,滤除二次谐波后会得到直流分量 $\hat{i}_{\theta}$,这个直流分量中包含表征转子位置的有效信息。

图 2.4 所示为系统运行时初次估算转子位置的结构框图,图中 HPF 和 LPF 分别为高通和低通滤波器,高频电流分量 $\hat{i}_{qh}$ 由高通滤波器滤波得到,将此分量乘以高频正弦信号 $\sin \omega_{h}t$ 后,再经低通滤波器滤波,最后得到转子位置估计器的输入信号 $\hat{i}_{\theta}$。转子位置跟踪观测器由 PI 调节器和积分器组成,估计的转子位置 $\hat{\theta}_{r}$ 是从 PI调节器输出的估计转速 $\hat{\omega}_{r}$ 经过积分器后获得的。由控制结构图可见,此系统构成转子位置角度闭环控制,所以转子位置角的估计值与实际值之间的差很小,通过对观测器中的比例积分参数进行适当调整,能够控制转子位置误差角趋于零。

注入的高频电压信号的频率选择很关键,通常要考虑多方面因素,比如估计带宽、基波励磁频率、逆变器开关频率等。如果所选频率与逆变器开关频率接近,在提取转子位置信息时,容易将两者混淆,所需信息得不到有效分离,使得转子位置跟踪观测器的精度受到影响;如果高频载波信号的最大频率超过逆变器开关频率的 1/2,其自身就会出现混杂信号;如果高频载波信号的最小频率选择过低,不但很难区分出转子基波频率,而且会使电阻压降和旋转反电动势占比增加,因此要保证高频载波信号最小频率的取值与转子基波频率有足够大的频谱分离空间。综合以上三方面考虑,通常选取 0.4~2 kHz 的电压频率。

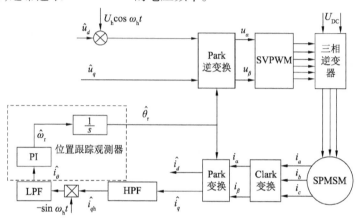

图 2.4　初次估算转子位置的结构框图

注入的高频电压信号幅值的选择也很关键,主要考虑模拟信号处理、电流反馈值、逆变器非线性特性、A/D 转换的分辨率等。若幅值太大,电机本身运行会受到影响;若幅值太小,电机极性检测就会受到影响,因为幅值小会导致转子 d 轴磁链不饱和,同时电流的测量精度会受到 A/D 转换的影响。因此,通常选择基波幅值的 $\dfrac{1}{10} \sim \dfrac{1}{5}$ 作为电压幅值。

2.2　脉振高频电压信号注入对位置估计误差的影响

图 2.5 所示为脉振高频电压信号注入时的位置信号提取原理框图。

令 $g \approx \dfrac{L_2}{L_1^2 - L_2^2}$($g$ 是一个常数,与电机电感有关),则有 $\hat{i}_\theta = \dfrac{U_h g}{\omega_h} \Delta\theta_r$。

在稳态情况下,通过 PI 调节器后的 $\hat{i}_\theta$ 变换成 $\hat{\omega}_r$,稳态下 $\hat{\omega}_r$ 的平均值是定值,假设为 K,则有

$$K = K_P\left(\frac{U_h g}{\omega_h}\Delta\theta_r\right) + K_i\frac{U_h g}{\omega_h}\int_0^{t_0+T}\Delta\theta_r \mathrm{d}t \qquad (2\text{-}13)$$

稳态时,T 为系统中断周期或者积分步长,上式可简化为

$$K = K_P\left(\frac{U_h g}{\omega_h}\Delta\theta_r\right) + K_i\frac{U_h g}{\omega_h}\Delta\theta_r T \qquad (2\text{-}14)$$

$$\Delta\theta_r = \frac{\omega_h K}{U_h(K_P g + K_i g T)} \qquad (2\text{-}15)$$

式中:g,T 都是常量。

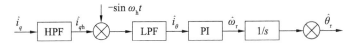

图 2.5　脉振高频注入法转速提取框图

根据上面的表达式,当高频脉振电压注入时,在满足系统性能的条件下:

① 为了减小位置估计误差 $\Delta\theta_r$,并提高位置检测的精准程度,应该选择较小的 ω_h 和较大的 U_h;

② 在相同的 $\Delta\theta_r$ 精度条件下,为了减小 PI 调节器的调节系数 K_P 和 K_i,可以选择较小的 ω_h 和 U_h;

③ 高速时,在相同的 $\Delta\theta_r$ 精度和 PI 参数下,注入信号的幅值 U_h 需要提高且频率 ω_h 需要变小。

2.3　基于饱和凸极效应的转子 d 轴正方向判别

2.3.1　饱和效应

设电感绕组等效匝数为 N 匝,等效磁路长度为 L_{en},通入电流为 I,磁路的等效截面积为 S,μ 为磁导率,Φ 为磁通。

由 $\Phi = B \times S$,$B = \mu \times H$,$H \times L_{en} = N \times I$ 及电感的定义,可得

$$L = N \times \frac{\Phi}{I} = N \times \frac{B \times S}{I} = N \times \frac{\mu \times H \times S}{I} = N \times \frac{\mu \times H \times L_{en} \times S}{I \times L_{en}}$$

$$= N \times \frac{\mu \times N \times I \times S}{I \times L_{en}} = \frac{N^2 \mu S}{L_{en}} \tag{2-16}$$

磁路饱和后,电流 I 增加使得磁势继续增大时,磁路饱和程度增强,虽然 H 很大,但 B 已达到最大值,基本不再变化,$\mu = B/H$ 减小,所以相应的电感 L 也减小。

2.3.2　d 轴正方向判别

永磁同步电机启动过程中,N 极和 S 极存在一定差异。当永磁体磁势与定子电枢磁势在空间上正交时,也就是两者的相位角为 $\pi/2$ 或者 $3\pi/2$ 弧度时,电机拥有最大的启动转矩:相位角为 $\pi/2$ 时,电机获得最大正向启动转矩;相位角为 $3\pi/2$ 时,电机获得最大反向启动转矩。当永磁体磁势与定子电枢磁势的相位角相差 0 或者 2π 弧度时,启动转矩等于零,电机无法启动。

PI 位置跟踪器在高频脉振信号注入法中起到位置检测的作用,通过它对电流误差项 $\hat{i}_\theta$ 进行调节,当 $\hat{i}_\theta$ 的值被调整到零时,转子位置估计值与其实际值重合,由此可得到转子位置估计值 $\hat{\theta}_r$。但是,此时得到的转子估计位置有两种可能:一种是转子磁极 N 极对应的位置;一种是转子磁极 S 极对应的位置。因此,实际 d 轴正方向无从判断,只有正确判断 N 极和 S 极极性,才可以保证电机可靠启动,避免电机反转或是启动失败。

利用电机磁路饱和凸极性原理可以很好地解决上述问题。本节采用注入脉冲电压矢量的方法来判断转子磁极极性。首先,通过注入高频脉振电压信号,获得转子位置的初判值 $\hat{\theta}_r$。然后,在估算坐标系下通入 $\hat{d}$ 轴正负方向的等宽电压脉冲,即向定子绕组中注入幅值相等、矢量角分别为 $\hat{\theta}_r$ 和 $\hat{\theta}_r + \pi$ 的两个脉冲电压矢量:若电流形成的磁势加深磁路的饱和,说明注入的电压脉冲方向与实际 d 轴正方向相同;若磁路饱和程度减弱,说明注入的电压脉冲方向与 d 轴正方向相反。因此,只要检测等宽电压脉冲所产生的电流响应的幅值,即可轻松判断 d 轴的正方向。

　　加入 d 轴正方向判别的转子位置估计示意图如图 2.6 所示,当通入与实际 d 轴正方向相同的电压脉冲 u_d 时,根据电感饱和效应可知 $L=L_d^+$,此时电路时间常数为 τ_N;当通入与实际 d 轴正方向相反的电压脉冲 u_d 时,根据电感饱和效应可知 $L=L_d^-$,此时电路时间常数为 τ_S。由前述分析可知,$L_d^+<L_d^-$,所以 $\tau_N<\tau_S$。

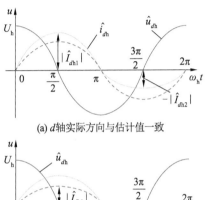

(a) d 轴实际方向与估计值一致

(b) d 轴实际方向与估计值相反

图 2.6　加入 d 轴正方向判别的转子位置估计示意图

2.3.3　转子实际方向与估计方向协同分析

1. 转子实际方向与估计方向相同时的理论分析

此时 $\theta_r=\hat{\theta}_r,\cos\Delta\theta_r=1$,由

$$\hat{i}_{dh}=\frac{U_h\sin\omega_h t}{\omega_h(L_1^2-L_2^2)}(L_1-L_2\cos 2\Delta\theta_r)=\frac{U_h\sin\omega_h t}{\omega_h(L_1^2-L_2^2)} \quad (2\text{-}17)$$

推导得

$$\hat{i}_{dh}=\frac{U_h}{\omega_h(L_1+L_2)}\sin\omega_h t=\hat{I}_{dh}\sin\omega_h t \quad (2\text{-}18)$$

$\omega_h t=\dfrac{\pi}{2}$ 时,$\hat{u}_{dh}(\omega_h t)=\hat{u}_{dh}\left(\dfrac{\pi}{2}\right)=0,\hat{i}_{dh}(\omega_h t)=\hat{i}_{dh}\left(\dfrac{\pi}{2}\right)=\hat{I}_{dh1}$,记录

下此时 $\hat{d}$ 轴电流幅值 $\hat{I}_{dh1}$；$\omega_{h}t = \dfrac{3\pi}{2}$ 时，$\hat{u}_{dh}(\omega_{h}t) = \hat{u}_{dh}\left(\dfrac{3\pi}{2}\right) = 0$，

$\hat{i}_{dh}(\omega_{h}t) = \hat{i}_{dh}\left(\dfrac{3\pi}{2}\right) = \hat{I}_{dh2}$，记录下此时 $\hat{d}$ 轴电流幅值 $\hat{I}_{dh2}$。

若按 2.2 节计算方法估计出的角度 $\hat{\theta}_{r}$ 是准确的，当 $\omega_{h}t = \pi/2$ 时，定子注入电压产生的电流响应方向与 d 轴正方向一致，磁路饱和程度加深，定子 d 轴电感量变小，d 轴电流幅值 $|\hat{I}_{dh1}| > |\hat{I}_{dh}|$；当 $\omega_{h}t = 3\pi/2$ 时，由于定子注入电压所产生的电流响应方向同 d 轴正方向是相反的，磁路饱和程度将会减弱，定子 d 轴电感量会比以前大，d 轴电流幅值 $|\hat{I}_{dh2}| < |\hat{I}_{dh}|$，如图 2.6 a 所示。

2. 转子实际方向与估计方向相反时的理论分析

若按 2.2 节计算方法估计出的角度 $\hat{\theta}_{r}$ 与 θ_{r} 相反，即实际转子的方向和估计方向相反，此时，仍然向 $\hat{d}$ 轴注入高频电压，当 $\omega_{h}t = \pi/2$ 时，由于定子注入电压所产生的电流响应方向与 d 轴正方向相反，这样磁路饱和程度减弱，定子 d 轴电感量会比以前大，d 轴电流幅值 $|\hat{I}_{dh1}| < |\hat{I}_{dh}|$；当 $\omega_{h}t = 3\pi/2$ 时，定子注入电压产生的电流响应方向与 d 轴正方向相同，磁路饱和程度加深，定子 d 轴电感量变小，d 轴电流幅值 $|\hat{I}_{dh2}| > |\hat{I}_{dh}|$，如图 2.6 b 所示。此时，真实 d 轴的正方向与假设相反，$\hat{\theta}_{r}$ 要再加上电角度 π。

引入磁极判别的转子位置与速度估计示意图如图 2.7 所示。将磁极判断模块加入分析转子位置的估算系统之中，可得到完整的零速及低速运行时转子位置判别系统。

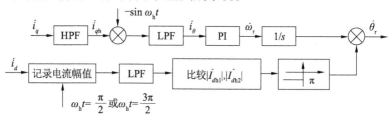

图 2.7 引入磁极判别的转子位置与速度估计示意图

加入方向判别的转子初始位置检测系统结构示意图如图 2.8 所示。

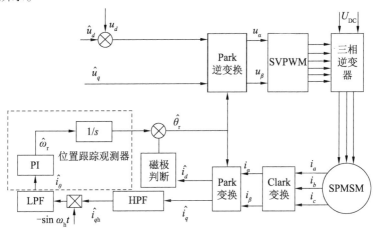

图 2.8 加入方向判别的转子初始位置检测系统结构图

分析单个脉冲电压注入时的电流响应,其波形可分为两个阶段:电流上升阶段和电流下降阶段。注入脉冲电压时对应电流上升阶段;脉冲电压结束后对应电流下降阶段,此阶段起因于电感放电形成的反向电压,导致电流下降。根据前文介绍的磁路饱和凸极性原理可知,两个反向的电压矢量产生的电流响应存在差异。如果电压矢量加入后,d 轴磁场被充磁,磁饱和增强,则此时 d 轴电感值减小,此时 d 轴电感值减少、电流幅值提高;如果所加电压矢量使得 d 轴磁场去磁,磁饱和减弱,此时 d 轴电感值增大,电流幅值降低。因此,电流响应峰值可以作为一个判别指标,当两个反方向脉冲电压注入后,对比电流响应峰值大小,就能获得转子磁极极性信息,从而决定初判值 $\hat{\theta}_r$ 是否需要矫正为 $\hat{\theta}_r + \pi$。

2.4 电机定子电流基波分量提取

为了保证脉振高频电压注入法的检测精度,必须保证其信号提取环节的精度,而信号的提取是通过滤波器实现的,所以滤波环节设计尤为重要。因为该方法在 q 轴上不仅有直流电流存在,还叠加了相应的高频交流分量,所以,在选取滤波器时,应尽可能衰减开关频率信号和直流量,同时应保留高频交流量,保证延迟最小。

将 $\hat{d}$ 轴上注入的高频电压矢量变换到 d 轴上,有

$$u_d = \hat{u}_{dh} \mathrm{e}^{\mathrm{j}(\theta-\hat{\theta})} = U_i \cos \omega_i t \mathrm{e}^{\mathrm{j}(\theta-\hat{\theta})} \qquad (2\text{-}19)$$

高频电压注入时对应的 $(d\text{-}q)$ 坐标系下的高频电流响应为

$$i_{dqh} = \frac{u_h}{\omega_h} \sin \omega_h t \left[\frac{1}{L_d} \cos(\theta_r - \hat{\theta}_r) + \mathrm{j} \frac{1}{L_q} \sin(\theta_r - \hat{\theta}_r) \right] \qquad (2\text{-}20)$$

下面将 i_{dqh} 变换为三相静止坐标系 $(a\text{-}b\text{-}c)$,得

$$i_{sh} = i_{dqh} \mathrm{e}^{\mathrm{j}\theta_r}$$

$$= \frac{-\mathrm{j}u_h}{4\omega_h L_d L_q} \left\{ \left[(L_d + L_q) \mathrm{e}^{\mathrm{j}(\omega_h t + \dot{\theta}_r)} - (L_d - L_q) \mathrm{e}^{\mathrm{j}(\omega_h t + \hat{\theta}_r - 2\Delta\theta_r)} \right] + \right.$$

$$\left. \left[-(L_d + L_q) \mathrm{e}^{\mathrm{j}(\omega_h t + \dot{\theta}_r)} + (L_d - L_q) \mathrm{e}^{\mathrm{j}(-\omega_h t + \hat{\theta}_r - 2\Delta\theta_r)} \right] \right\} \qquad (2\text{-}21)$$

可见,高频脉振电压信号注入 d 轴后,定子电流 i_s 由基波分量 i_{sf} 和高频电流分量 i_{sh} 组成,i_{sh} 中包含正序和负序分量。采用高通滤波器 HPF 将 i_{sh} 从定子电流 i_s 中分离出来,并且作为转子位置跟踪器的输入信号。由于电流调节器进行电流闭环控制时需要用到基波分量 i_{sf},所以,还要滤除定子电流高频成分 i_{sh} 中的正序和负序分量。在滤除正序和负序分量时,本书选择同步参考坐标系下的高通滤波器滤波,高通滤波器对于直流量的传递函数幅值为零,因此,采用同步轴高通滤波器可以完全消除以同步频率出现的任何信号,其原理如图 2.9 所示。如果采用低通滤波器,由于其对于直流量的传递函数幅值并不为零,也就是说,它不可能完全消除以同步频率出现的高频分量,这将对调节精度有所影响,所以本书没有采用。

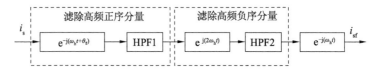

图 2.9 同步轴高通滤波器获取基波分量原理

由图 2.9 可见:若要提取出定子电流的基波分量,需要先将定子电流 i_s 变换到以角频率 $\omega_h t + \hat{\theta}_r$ 旋转的坐标系中,经过这一变换,可将正序分量变换成直流量,然后经过 HPF1 滤波器将其完全滤除。此时,电流负序分量角频率变为 $2\omega_h$,将此负序分量变换到另一旋转坐标系中,此坐标系以 $2\omega_h$ 角速度反向旋转,如此可将负序分量变成直流量,然后通过 HPF2 滤波器将其完全滤除。经过这一信号处理过程,定子电流中正序和负序高频分量被完全滤除,而定子电流的基波分量 i_{sf} 被完整地保留下来,此后再将其变换到 $(\hat{d}-\hat{q})$ 坐标系中,以完成电流闭环控制。

对于转子位置检测而言,如何适当地选取注入信号的频率 ω_h 非常重要。由于后面开关管的功率损耗和系统的程序容量的限制,开关频率不能设得太高,同时,注入的电压信号的频率不可过低,以便更好地分离注入的高频信号和运行时的基波低频信号,综合 2.1~2.3 节的分析,本书选择 300~2 000 Hz 的注入电压频率。

当高频信号注入频率为 800 Hz 时,得到如图 2.10 所示同步轴高通滤波器的幅频特性曲线和相频特性曲线,同步轴高通滤波器 HPF1 和 HPF2 的截止频率均为 ω_c。为了减小信号失真,截止频率大小一般选择为几赫兹,这里取为 8 Hz。从图 2.10 中还可以看出,这是一个锐截止陷波滤波器的波特图,它可以将正序和负序分量完全滤除,而同步频率以外的信号不受影响。

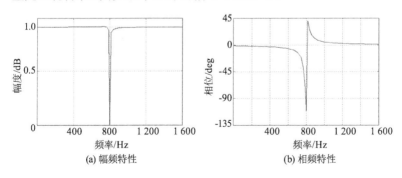

图 2.10　同步轴高通滤波器的频率响应($\omega_h = 800$ Hz)

  图 2.11 给出了同步轴高通滤波器滤波处理前后的定子电流波形,注入的脉振高频电压频率为 800 Hz、幅值为 20 V,i_s 为定子电流响应,其中包含高频分量和基波分量,i_{sf} 是被提取出的基波电流分量。从图中可以明确地观察出,基波电流分量被有效地提取出来,高频成分被有效地滤除。

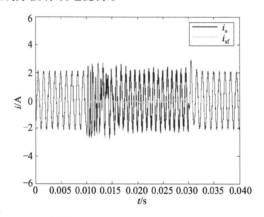

图 2.11 同步轴高通滤波器作用下定子电流基波分量提取

2.5 低速运行转子位置检测系统

2.5.1 速度电流双闭环控制系统

  本节对面装式永磁同步电机进行仿真研究,目的是检验所提方法的正确性。首先,采用如图 2.12 所示的系统仿真结构图,搭建速度电流双闭环控制系统,速度环和电流环都采用 PI 控制器进行控制,在 Matlab/Simulink 环境下,搭建相应的仿真模型如图 2.12 所示,建立的模型主要包括电机本体模块、坐标变换模块、逆变模块、速度及电流调节用 PI 调节器模块、解调模块等。仿真中注入的是 800 Hz 的高频电压信号。

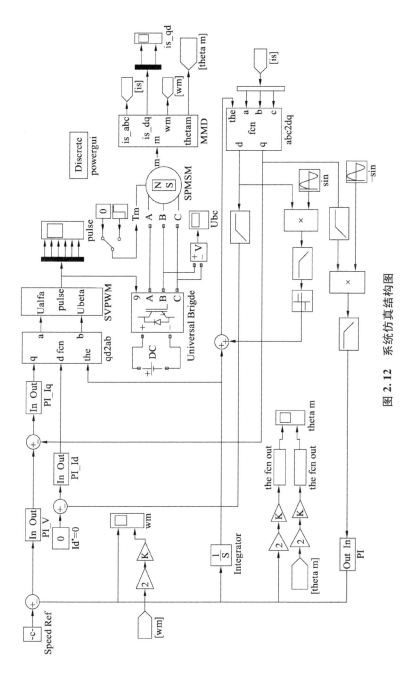

图 2.12　系统仿真结构图

2.5.2 系统模块分析

电压信号注入模块如图 2.13 所示。图 2.14 为零速初始位置检测过程中注入的电压信号波形。对应于不同阶段,根据时间顺序,可将初始位置估计分成两个阶段,采用注入信号与阶跃函数相乘的方式,对信号进行时间上的控制。

第一阶段(0~220 ms)在估算的直轴注入高频正弦信号,频率为 800 Hz、幅值为 20 V,在这一阶段通过检测高频电流响应,进行转子位置的初次估计。

第二阶段是在 250 ms 和 300 ms 时注入正、反方向的电压脉冲。选取脉冲电压幅值时,要确保它所产生的电流响应稳态值不比电机额定电流高太多;确定脉冲作用时间时,要确保所产生的电流响应可以进入稳态。同时,为了保证电机定子电感上的储能完全释放,时间间隔选取不能太小,据此,电压脉冲幅值选为 10 V、宽度为 10 ms。根据注入脉冲后两个方向的直轴电流幅值大小来判断磁极的正方向。

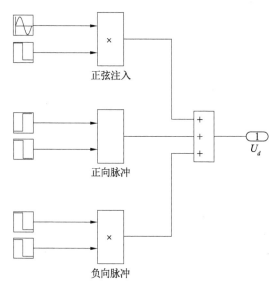

图 2.13　电压信号注入模块

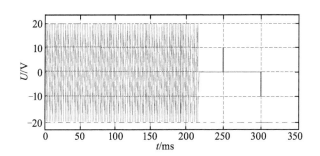

图 2.14　零速初始位置检测过程中注入的电压信号波形

电机模块中,面装式永磁同步电机参数直接影响电机模型的精确程度,具体参数如表 2.1 所示。PWM 逆变器采用电压矢量空间控制调制,其载波频率取为 10 kHz。

表 2.1　仿真用面装式永磁同步电机参数一览表

参数	数值	单位
额定电压	220	V
额定电流	8.6	A
额定功率	1 500	W
额定转速	3 000	r/min
极对数	2	对
定子电阻	2.875	Ω
直轴电感	7.96	mH
交轴电感	7.96	mH
转动惯量	0.03	kg·m^2
永磁体磁链	0.275	Wb
额定转矩	16	N·m

2.5.3　系统运行结果分析

1. 高频脉冲电压幅值对电流误差项 i_Δ 的影响分析

坐标系 $(\hat{d}\text{-}\hat{q})$ 与 $(d\text{-}q)$ 几乎同步旋转,所以,在高频电压的调

制过程中,电机磁路的结构性凸极作用微小,饱和性凸极起到的作用很大,并且这种作用直接反映到高频直轴电流幅值之中。随着 $\hat{d}$ 轴与 d 轴间位置的不断变化,$(d\text{-}q)$ 坐标轴上高频电流分量幅值也相应变化,这一变化直接反映调制结果。图 2.15 给出了注入转速为 15 r/min、幅值为 10 V 的高频脉振电压时,转子实际位置与估计位置、对应的定子电流 $\hat{i}_d$ 分量和电流误差项 i_Δ 的曲线。从图中可观察到,低速时采用高频脉冲电压注入法能很好地跟踪转子位置,误差不超过 5%。此外,随着转子位置发生变化,定子电流 $\hat{d}$ 轴分量受到明显调制。

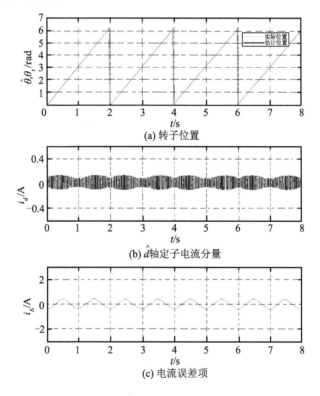

(a) 转子位置

(b) $\hat{d}$ 轴定子电流分量

(c) 电流误差项

图 2.15 转子位置、$\hat{d}$ 轴定子电流分量、电流误差项的
对应关系 (15 r/min,10 V)

图 2.16 a-c 所示为转子实际位置与估计位置、$\hat{d}$ 轴定子电流
分量 $\hat{i}_d$ 及电流误差项 i_Δ,在转速为 30 r/min 时注入 10 V 高频脉振
电压的对应波形;图 2.16 d-f 所示为转子实际位置与估计位置、$\hat{d}$ 轴
定子电流分量 $\hat{i}_d$ 及电流误差项 i_Δ,在转速为 30 r/min 时注入 30 V
高频脉振电压的对应波形。由图分析可知,转子估计位置可以很
好地跟踪实际位置,误差不超过 4%;无论何种脉振信号,定子电流
$\hat{d}$ 轴分量均可受到明显的调制,且调制信号的频率与电流误差项频
率一致。

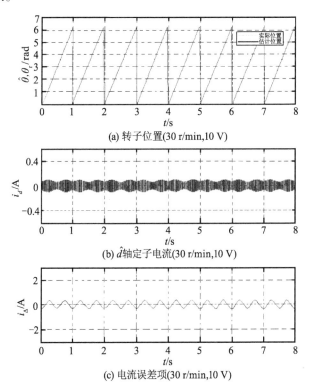

(a) 转子位置(30 r/min,10 V)

(b) $\hat{d}$ 轴定子电流(30 r/min,10 V)

(c) 电流误差项(30 r/min,10 V)

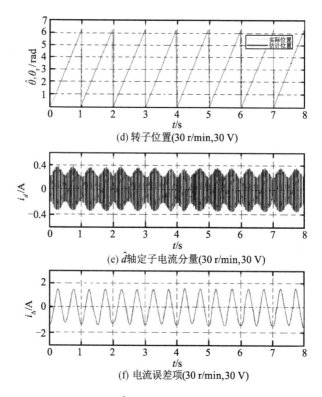

(d) 转子位置(30 r/min,30 V)

(e) $\hat{d}$轴定子电流分量(30 r/min,30 V)

(f) 电流误差项(30 r/min,30 V)

图 2.16　转子位置、$\hat{d}$ 轴定子电流和电流误差项对应关系

对比分析后可以看出,当注入的高频电压幅值减小时,电流误差项幅值和定子电流幅值也按比例减小,这也验证了之前理论分析的正确性,即注入电压幅值只要在允许范围内,定子电流必会受到调制,转子估计位置必会跟踪实际位置,高频电流 $\hat{i}_d$ 及电流误差项 i_Δ 的频率必然一致。继续增大高频脉冲注入电压的幅值,可见,如果注入高频脉振电压幅值过大会产生脉动转矩,进而影响系统的动态性能;如果注入电压的幅值过小则无法激励出所需的高频电流。因此,正确选择高频脉振电压幅值非常重要。本章仿真中选择高频脉振电压幅值为 20 V。

2. 电机静止时转子初始位置预估波形分析

（1）未检测磁极时位置响应曲线及高频电流轨迹分析

为验证电机在静止状态下,高频脉冲电压注入法对于估计转子初始位置的有效性,首先只在电机两端注入高频电压,使电机转子初始位置不同,然后进行仿真。选择转子位置分别为 $0°$,$45°$,$60°$,$90°$,$135°$,$180°$,$240°$,$270°$,当不考虑电机饱和效应、不检测转子极性时,对应的高频电流椭圆轨迹、转子位置估计值与实际值波形如图 2.17 所示。

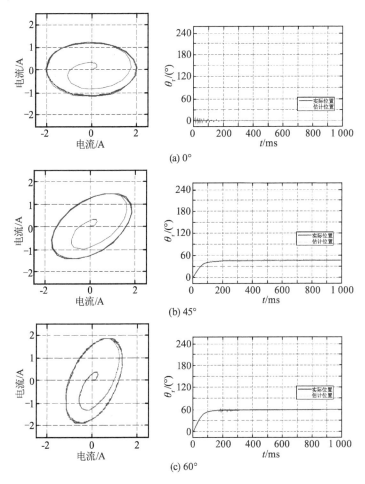

(a) $0°$

(b) $45°$

(c) $60°$

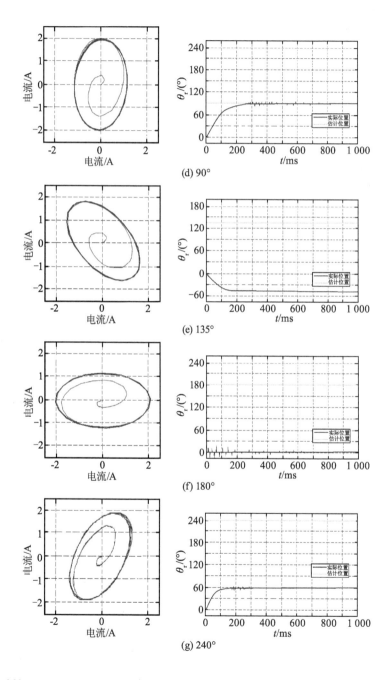

(d) 90°

(e) 135°

(f) 180°

(g) 240°

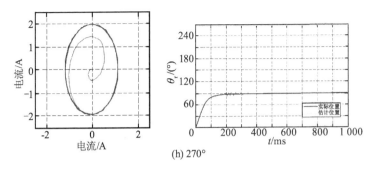

(h) 270°

图 2.17　静止状态下转子不同初始位置响应曲线及高频电流轨迹

由图 2.17 可见,当电机转子位置在 0°,45°,60°,90°时,转子估计角度与实际值均可在 200 ms 后达收敛,估计角度跟踪上实际角度,误差趋近于 0°,说明高频脉冲电压注入法在电机静止状态时能够准确地估计出转子初始位置。当转子位置在 135°,180°,240°,270°时,由于电机的饱和效应没有考虑进去,转子的极性无法判别,导致转子估计位置与真实位置之间存在 180°偏差。

根据以上分析,当转子初始位置在(-90°,90°)之间时,转子位置初始预估值不需要矫正;当转子初始位置在(90°,270°)之间时,转子位置初始预估值需要补偿 π,因此,需要考虑电机的饱和效应,判别转子 N,S 极,对转子位置进行矫正。

(2)加入磁极矫正后位置响应曲线及高频电流轨迹分析

以转子位置在 45°和 135°为例说明具体矫正过程:当实际转子位置角度为 45°时,注入高频脉振电压,这时的转子位置初判值 $\hat{\theta}_r$ 为 45.9°,然后,在 250 ms 和 300 ms 时注入两个电压脉冲,矢量角分别为 45.1°和 225.1°。此时比较 d 轴电流幅值大小,正向注入脉冲对应幅值比反向注入脉冲对应的幅值大,注入脉冲对应的 d 轴电流响应曲线如图 2.18 中深色线所示,初判值 45.1°对应磁极 N极的位置,不需要矫正角度,误差为 0.1°。

如果实际转子位置角对应 135°位置,此时根据高频脉振电压注入法获取转子初始位置 $\hat{\theta}_r$ 为-44.7°左右;然后,注入两个电压脉冲,矢量角分别为-44.7°和 135.3°。此时比较 d 轴电流幅值大小,正向注入脉冲对应幅值应比反向注入脉冲对应的幅值小,注入的脉冲对应的 d 轴电流响应曲线如图 2.18 中浅色线所示,磁极 S 极的位置对应初判值 $-44.7°$。因此,转子实际位置需要在初始判别的基础上加上 $180°$,被矫正为 $135.3°$,误差为 $0.3°$。

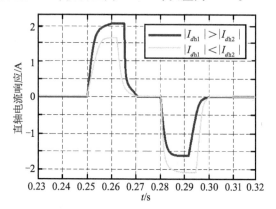

图 2.18 脉冲电压注入下直轴电流响应

在考虑饱和凸极效应的情况下,电机转子分别处于 $0°,45°$,$60°,90°,135°,180°,240°,270°$ 时,转子实际初始位置与估计初始位置、高频电流椭圆轨迹如图 2.19 所示。由图可见,在转子位置初次估计的基础上,系统加入另外一个环节,即直轴正方向判断环节,所得到的估计位置和实际位置一致,误差在允许范围内,大大提高了估计精度。

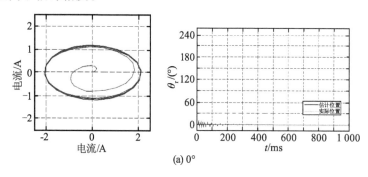

(a) 0°

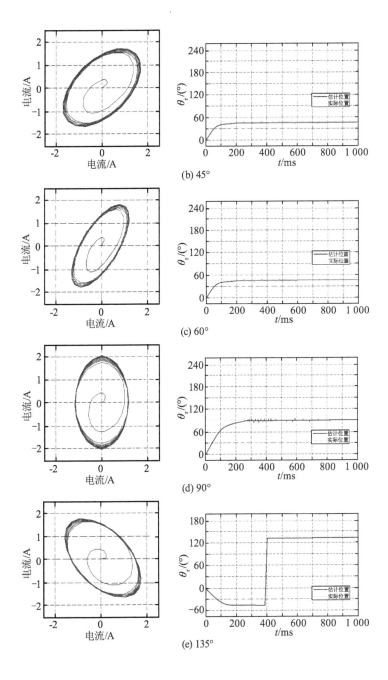

(b) 45°

(c) 60°

(d) 90°

(e) 135°

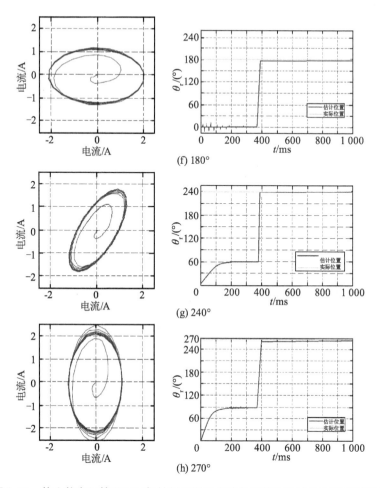

图 2.19　静止状态下转子不同初始位置矫正后的位置响应曲线及高频电流轨迹

　　转子在不同初始位置时,矫正后转子位置实际值与估计值之间的误差如图 2.20 所示,最大误差在 3.2°左右,最小误差在 0.1°左右,平均误差在 1.9°左右,误差大小均在电机启动要求范围之内。由图 2.20 可以看出,较大的误差点主要分布在 4 个边界点附近,即 0°,90°,180°,270°相邻的区域,边界点误差较大主要是由于 $\Delta\theta_r$ 在边界点处较小,易受系统干扰和信号处理等因素的影响,使得其中包含的位置误差信息提取精度受到影响。

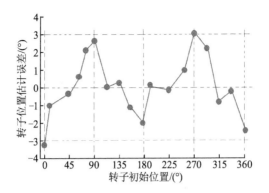

图 2.20 转子不同初始位置的估计误差

3. 电机低速运行时转子位置预估波形分析

通过以上分析可知,面装式永磁同步电机在静止状态的转子初始位置可以应用脉振高频电压注入法有效地检测出来。下面检验面装式永磁同步电机在低速运行情况下,应用脉振高频电压注入方法检测转子位置与速度的有效性,选择 30 r/min 及 1 000 r/min 进行仿真研究。

系统带 15 N·m 电动负载,以 30 r/min 正反转运行时的系统特性曲线如图 2.21 所示。由图可以看出,采用高频脉冲电压注入法,在低速运行条件下,系统可以稳定运行在正转和反转状态,并且可以很好地检测转子实际位置,其动态误差不超过 2°。

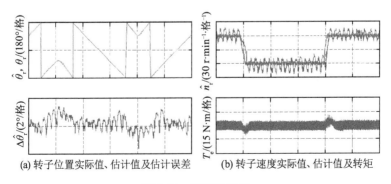

(a) 转子位置实际值、估计值及估计误差   (b) 转子速度实际值、估计值及转矩

图 2.21 正反转运行

图 2.22 为采用高频脉冲电压注入法,系统以 30 r/min 运行拖动不同性质负载时的特性曲线,电机启动时空载,1 s 时突加 15 N·m 电动性质负载,随后在 2 s 时撤去,3 s 时突加 15 N·m 发电性质负载。结果表明,系统在低速条件下,当外界负载发生变动时,基于脉振高频电压注入的转子速度及位置估算方法仍然能够有效地检测转子速度及其空间位置,转子位置估计平均误差在 2°左右;负载变化时误差较大,但也在允许范围内,并且能很快地跟踪负载变化,基本能在负载变化后 0.2 ms 内重新定位转子位置,不会出现失调现象,具有良好的跟随性能,能在电动和发电状态间稳定运行。

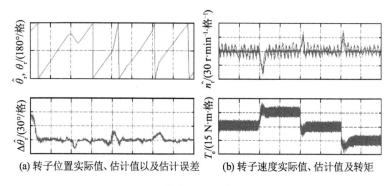

(a) 转子位置实际值、估计值以及估计误差 (b) 转子速度实际值、估计值及转矩

图 2.22　带电动和发电负载运行

电机以 1 000 r/min 空载运行时,转速及转子位置的实际值、估计值及估计误差如图 2.23 所示。由图可见,系统虽然能检测高速时转子的速度和位置,但转子位置辨识存在明显动态误差。分析仿真结果,其误差相比于低速(30 r/min)情况下大很多,最大误差甚至将近 20°,并且存在明显的延时现象,系统测量精度大大降低,稳定性变差。究其原因,主要是当转速较高时,反电动势过大,不能忽略电压矢量方程中的旋转分量,激励模型不再适用。另外,因为高频电压的注入,大量的高次谐波出现在基于脉振高频注入法的电流响应中,使得滤波效果变差,这也是高转速时应用此方法误差过大的一个原因。

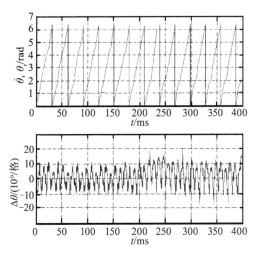

图 2.23　1 000 r/min 时转子位置的实际值、估计值及估计误差

2.6　小结

　　本章首先介绍了高频脉振电压注入法的基本原理,针对电机在低速运行时基波模型存在的问题,建立了基于高频脉振电压注入法的面装式永磁同步电机矢量控制系统。然后,在对无传感器面装式永磁同步电机进行低速控制时,设计了同步轴高通滤波器,同时利用电机饱和凸极效应原理,对系统进行双向脉冲注入,通过电流幅值变化,判断转子磁极极性的正确位置,实现面装式永磁同步电机初始位置的准确定位。最后,仿真验证了算法的可行性和基于此算法的矢量控制系统的运行性能。结果表明,基于高频脉振电压注入法的矢量控制系统能够实现面装式永磁同步电机在静止及低速状态下的转子位置识别,并且所设计矢量系统可高精度平稳运行。

第3章 中高速运行永磁电机转子位置检测技术

矢量控制中一般都会用传感器来检测转子位置,但是在环境恶劣的地区,采用光电编码器机械位置传感器会降低控制系统的可靠性和耐用性。近年来,永磁同步电机的无传感器控制愈来愈受到国内外研究学者的重视,它利用软件对转子位置和电机转速进行估算,替代了传感器实际检测出的转速和转子转角。

中高速运行时的无传感器控制多数建立在电机模型的基础上,依据反电动势和电角度间的关系,通过提取电机基波激励模型中与转速有关的信号来对转速进行估算,不需要利用电机的凸极效应,但是这一方法过于依赖基波激励信号,因此无法保证电机低转速运行时对转子速度与位置的检测精度。

3.1 中高速无传感器控制技术

适用于中高速运行时的常用无传感器控制方法有磁链位置估算法、模型参考自适应法、状态观测器法、卡尔曼滤波法、滑模观测器法、自抗扰控制法及各种智能控制方法。滑模观测器就是基于永磁同步电机的数学模型,利用电流修正估算值和实际测量值之间的偏差。本书选择滑模变结构控制方法和自抗扰控制方法这两种适用于中高速的无传感器运行技术,并对两种算法加以改进,根据它们各自的优缺点,将两种控制算法结合,得到基于滑模变结构的自抗扰中高速控制方法,使得面装式永磁同步电机的无传感器中高速运行性能得到明显的优化。

3.1.1　滑模变结构控制基础

滑模控制具有和开关特性类似的不连续性,使系统处于沿设定的轨迹做幅值小、频率高的运动之中,并保证系统能够达到稳定的状态。其实质是一种特殊的非线性控制。

通常,在如式(3-1)所示的状态空间中,假设存在一个超平面 $s(\boldsymbol{x}) = s(x_1\ x_2\cdots\ x_n) = 0$。由图 3.1 可知,超平面将系统状态空间分成三个部分:$s > 0$,$s = 0$ 及 $s < 0$。并且,有三种情况的运动点存在于切换面上,即图 3.1 所示 A,B,C 三点,分别定义为通常点(A)、起始点(B)和终止点(C)。其中,具有发散性质的运动点为点 A 和点 B,其性质对研究滑模变结构意义较小。而终止点(C)对滑模变结构理论的研究具有特殊意义,因为其运动轨迹收敛于切换面,如果在切换面上存在这样一段区域,区域内运动点均为终止点,只要靠近这一区域,运动就会终止于切换面,则将这一区域定义为滑模区,滑模区内终止点的运动称为滑模运动。图 3.2 所示为滑模运动特性。

$$x = f(x), x \in \mathbf{R}^n \qquad (3\text{-}1)$$

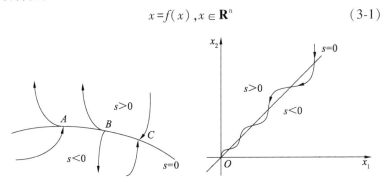

图 3.1　切换面上的运动轨迹图　　图 3.2　滑模运动相轨迹

3.1.2　滑模变结构控制设计基本步骤

滑模变结构控制设计的基本步骤如下:

① 选择合适的切换函数 $s(\boldsymbol{x})$。由于不同系统的要求不同,切换函数的选取要恰当,其最终的滑动模态不仅要是渐近稳定的,还应具有优良的动态性能。

② 选择合适的滑动模态控制率。滑动模态控制率的选取也要恰当,使系统满足滑模实现条件,并且保证超平面上的每个点都处于滑模运动之中。

空间轨迹中的全部运动点都能到达并最终稳定运行于滑模切换面,是滑模运动的理想运行模式。在运动点到达切换函数 $s(\boldsymbol{x})=0$ 两侧时,滑动模态的存在必须满足

$$\lim_{s\to0^+}\dot{s}\leq0;\lim_{s\to0^-}\dot{s}\geq0 \tag{3-2}$$

上式可合并为

$$\lim_{s\to0}s\dot{s}\leq0 \tag{3-3}$$

在实际系统中,$s\dot{s}=0$,运动点位于滑模面上,没有对应的连续控制,式(3-3)变为

$$\lim_{s\to0}s\dot{s}<0 \tag{3-4}$$

状态空间中的运动点到达滑模面的距离是不确定的,由滑模模态存在所需条件可知,只要状态空间中的运动点在有限的时间内到达即可,所以式(3-4)中的滑模条件可改为

$$s\dot{s}<-\delta \tag{3-5}$$

式中:δ 为大于零的任意小数。

假如系统中的全部状态都可以测量,根据李雅普诺夫稳定判据,设李雅普诺夫函数为 $V=(s^{\mathrm{T}}s)/2$。那么,全局范围内的滑模运动渐近稳定条件为

$$\dot{V}(x)=s(\boldsymbol{x})^{\mathrm{T}}\dot{s}(\boldsymbol{x})<0 \tag{3-6}$$

因此,假设存在控制系统

$$\dot{x}=f(x,u,t) \tag{3-7}$$

式中:x 为控制系统状态变量,$x\in\mathbf{R}^n$;u 为系统输入,$u\in\mathbf{R}^m$;t 为时间,$t\in\mathbf{R}$。

确定切换函数 $s(\boldsymbol{x})$,$s\in\mathbf{R}$,通常情况下其维数等于控制的维数,在此设定维数为 m。

滑动模态控制率为

$$u=\begin{cases}u^+(x),s(\boldsymbol{x})>0\\u^-(x),s(\boldsymbol{x})<0\end{cases} \tag{3-8}$$

其中，$u^+(x) \neq u^-(x)$，并且需要满足三个必要条件：

第一，存在性。系统中存在变结构控制函数，滑动模态存在且满足式(3-8)。

第二，可达性。在 $s(x)=0$ 外的运动状态点都可以在有限的时刻内到达切换面。

第三，稳定性。$\dot{V}(x) = s(x)^{\mathrm{T}}\dot{s}(x) < 0$，滑模运动是渐近稳定的。

滑动模态控制率和切换函数确定后，即可建立滑动模态控制系统，此时，切换函数的参数决定了整个系统的品质，而系统内部参数和外界扰动不会对其产生影响。因此，滑动模态控制系统鲁棒性非常出色，也正因为如此，它才能被广泛应用于高性能控制系统之中。

3.1.3　滑模变结构控制的优缺点及改进思路

滑模变结构虽然具有鲁棒性好、响应速度快、不需要知道系统内部参数等优势，但实际工业应用中还存在一些问题，如抖振问题、开关器件消耗过快问题等。现阶段，抖振问题一直是中外学者研究的热点，从抖振入手，分析其原因并制订相应的对策，是接下来的研究要解决的问题。

实际控制过程中，抖振这一现象很难消除，只能尽量削弱其带来的影响。抖振产生的主要原因大概有如下几种：

① 开关在时间和空间上滞后的影响。靠近切换面时，开关函数在时间上会有延迟现象，从而导致状态变量在时间上存在滞后的效应。而状态量的变化是由控制量的变化引起的，时间上的向后推移就使得滑模面上呈现一个三角波的衰减。在空间层面上，开关的延迟可以看成在状态空间上存在一个死区，或者近似认为滑模面上叠加了一个等幅波形。

② 系统惯性作用的影响。任何现实存在的物理量在运动过程中都具有惯性，控制系统在切换的过程中，必然会出现由于惯性产生的滞后，而这一类型的滞后与在时间上的滞后很相似。

③ 改变状态随机性误差的影响。在切换面运动的控制系统，伴随着随机性的切换面小幅度变化，进而产生抖振。

④ 自身离散性的影响。由于离散系统自身的原因,状态变量并不是连续的,而是存在一定时间间隔的周期性延迟,因此在滑模变结构控制中切换运动时,运动不能确切地发生在切平面上,而是发生在以该点为顶点的锥形面上,椎体的表面积越大,造成的抖振越为明显。

通过以上分析,即可以针对抖振产生的不同原因,从不同的角度制订相应的对策,使整个控制系统在工业生产过程中更加稳定。在本书的研究中主要采用新型函数替代滑模观测器中的开关函数来解决抖振问题。并且,为了保证控制精度,引入锁相环节,这在改进型滑模观测器中会有详细介绍。

3.2 典型滑模观测器

3.2.1 基于开关切换函数的滑模观测器设计

永磁同步电机无传感器控制策略,其本质是一种软件算法,通过递推计算出转子的角度和转速,而不用机械传感器测定,至于控制系统的其他部分,与常规调速系统完全相同。滑模变结构控制系统运行时,需要判断切换函数 $s(x)$ 的符号,根据不同符号切换控制量,使得系统结构发生改变,从而让系统状态变量运动到设定的切换面 $s(x) = 0$ 上,之后系统保持沿切换面运动。

外部扰动和内部参数变动对滑动模态的稳定性影响极小,这是滑动模态最明显的优势,因此,依据滑模变结构理论设计的观测器具有很好的鲁棒性,广泛应用于永磁同步电机的无传感器控制技术中。在面装式永磁同步电机控制系统中,以(α-β)坐标系下定子的估计电流与实际电流的差值作为切换函数建立滑模观测器(SMO),通过这个差值函数使系统在某一个相平面来回切换形成滑模运动,最终使得系统在这个切换面上收敛并达到稳定状态。但滑模运动在本质上为不连续的切换运动,无法完全消除抖振现象,这就需要对滑模观测器进行更为深入的研究并实施改进。

将第 2 章永磁同步电机在(α-β)坐标系下的数学模型式变换

后,可得电压的状态方程为

$$\begin{cases} \dfrac{\mathrm{d}i_\alpha}{\mathrm{d}t}=-\dfrac{R_s}{L_s}i_\alpha+\dfrac{1}{L_s}u_\alpha+\dfrac{e_\alpha}{L_s} \\ \dfrac{\mathrm{d}i_\beta}{\mathrm{d}t}=-\dfrac{R_s}{L_s}i_\beta+\dfrac{1}{L_s}u_\beta+\dfrac{e_\beta}{L_s} \end{cases} \qquad (3\text{-}9)$$

反电动势方程为

$$\begin{cases} e_\alpha=-\psi_f\omega_r\sin\theta_r \\ e_\beta=\psi_f\omega_r\cos\theta_r \end{cases} \qquad (3\text{-}10)$$

式中:L_s 表示定子相电感;ψ_f 表示永磁同步电机磁链;θ_r 表示转子位置角;ω_r 表示电机转子角速度。

整理式(3-10),可得永磁同步电机的转速方程和位置方程分别为

$$\omega_r=\dfrac{\sqrt{e_\alpha^2+e_\beta^2}}{\psi_f} \qquad (3\text{-}11)$$

$$\theta_r=\arctan(-e_\alpha/e_\beta) \qquad (3\text{-}12)$$

也就是说,有两个重要变量存在于反电动势之中,即转子位置和电机转速,如果能得到电机反电动势的准确值,就可以估算出电机转速及转子位置,实现永磁同步电机的无传感器控制。

将面装式永磁同步电机定子电压数学模型和滑模变结构结合到一起,建立估计电流和实际电流之差构成的滑模切换函数

$$s(\boldsymbol{x})=\bar{\boldsymbol{i}}_s=\hat{\boldsymbol{i}}_s-\boldsymbol{i}_s=0 \qquad (3\text{-}13)$$

式中:$\boldsymbol{i}_s$ 和 $\hat{\boldsymbol{i}}_s$ 分别表示定子电流实际值和估计值,$\hat{\boldsymbol{i}}_s=\begin{bmatrix}\hat{i}_\alpha & \hat{i}_\beta\end{bmatrix}^T$。

一般情况下,在设计滑模观测器时,控制函数选择常值的切换函数:

$$u(x)=K_1\cdot\mathrm{sign}(x) \qquad (3\text{-}14)$$

式中:K_1 为滑模观测器开关增益,开关函数 $\mathrm{sign}(x)$ 可表示为

$$\mathrm{sign}(x)=\begin{cases}1, & x>0 \\ -1, & x<0\end{cases} \qquad (3\text{-}15)$$

开关切换函数如图 3.3 所示。

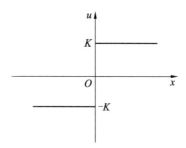

图 3.3 开关切换函数

在已知永磁同步电机电压方程的条件下，根据选定的滑模面，构造滑模电流观测器方程为

$$
\begin{cases}
\dfrac{d\hat{i}_{\alpha}}{dt}=-\dfrac{R_{s}}{L_{s}}\hat{i}_{\alpha}+\dfrac{1}{L_{s}}u_{\alpha}-\dfrac{K_{1}}{L_{s}}\,\mathrm{sign}(\hat{i}_{\alpha}-i_{\alpha})\\[3mm]
\dfrac{d\hat{i}_{\beta}}{dt}=-\dfrac{R_{s}}{L_{s}}\hat{i}_{\beta}+\dfrac{1}{L_{s}}u_{\beta}-\dfrac{K_{1}}{L_{s}}\,\mathrm{sign}(\hat{i}_{\beta}-i_{\beta})
\end{cases}
\tag{3-16}
$$

式中：$\hat{i}_{\alpha}$，$\hat{i}_{\beta}$ 表示定子观测电流；K_{1} 表示滑模观测器比例系数；sign 表示符号函数。

将式(3-9)和式(3-16)作差，得系统误差状态方程为

$$
\begin{cases}
\dfrac{d(\hat{i}_{\alpha}-i_{\alpha})}{dt}=-\dfrac{R_{s}}{L_{s}}(\hat{i}_{\alpha}-i_{\alpha})+\dfrac{1}{L_{s}}e_{\alpha}-\dfrac{K_{1}}{L_{s}}\mathrm{sign}(\hat{i}_{\alpha}-i_{\alpha})\\[3mm]
\dfrac{d(\hat{i}_{\beta}-i_{\beta})}{dt}=-\dfrac{R_{s}}{L_{s}}(\hat{i}_{\beta}-i_{\beta})+\dfrac{1}{L_{s}}e_{\beta}-\dfrac{K_{1}}{L_{s}}\mathrm{sign}(\hat{i}_{\beta}-i_{\beta})
\end{cases}
\tag{3-17}
$$

为了保证系统的稳定性，建立正定的李雅普诺夫函数如下：

$$
V=\frac{1}{2}(\hat{i}_{\alpha}-i_{\alpha})^{2}+\frac{1}{2}(\hat{i}_{\beta}-i_{\beta})^{2}
\tag{3-18}
$$

对李雅普诺夫函数 V 求导得

$$
\dot{V}=-\frac{R_{s}}{L_{s}}\left[(\hat{i}_{\alpha}-i_{\alpha})^{2}+(\hat{i}_{\beta}-i_{\beta})^{2}\right]+\frac{1}{L_{s}}\left\{(\hat{i}_{\alpha}-i_{\alpha})\left[e_{\alpha}-K_{1}\mathrm{sign}(\hat{i}_{\alpha}-i_{\alpha})\right]+\right.
$$
$$
\left.(\hat{i}_{\beta}-i_{\beta})\left[e_{\beta}-K_{1}\mathrm{sign}(\hat{i}_{\beta}-i_{\beta})\right]\right\}
\tag{3-19}
$$

根据李雅普诺夫定理,滑模观测器的开关增益需要满足 $K_1 \geqslant \max(|e_\alpha|, |e_\beta|)$ 的条件,才能保证系统的稳定性,从而产生滑模运动。

3.2.2　典型滑模观测器自适应律和位置估算

反电动势的幅值须小于滑模增益 ω^*,但是滑模增益 ω^* 太大不仅会增加系统的估算误差,还会使系统的抖振变大。本书设计了以下自适应律,以确保系统稳定并使估算精度保持在较高水准。

$$K_1 = \lambda \psi_f |\hat{\omega}_r| \tag{3-20}$$

$$\psi_f |\hat{\omega}_r| = |\hat{e}_s| \quad |\hat{e}_s| = \sqrt{\hat{e}_\alpha^2 + \hat{e}_\beta^2} \tag{3-21}$$

式中:λ 为自适应常数,通常取 $1.5 \sim 2$;$\hat{e}_s$ 为估算的反电动势;$\hat{\omega}_r$ 为估算的电角速度。

当估计电流达到所设定的滑模区域时,估计值将逐渐收敛于实际值附近,即 $s(\boldsymbol{x}) = 0, \dot{s}(\boldsymbol{x}) = 0$。故 $\hat{i}_\alpha - i_\alpha = 0, \hat{i}_\beta - i_\beta = 0, \dfrac{\mathrm{d}(\hat{i}_\alpha - i_\alpha)}{\mathrm{d}t} = 0,$

$\dfrac{\mathrm{d}(\hat{i}_\beta - i_\beta)}{\mathrm{d}t} = 0$,所以由式(3-17)得到控制量为

$$\begin{cases} \hat{e}'_\alpha = K_1 \operatorname{sign}(\hat{i}_\alpha - i_\alpha) \\ \hat{e}'_\beta = K_1 \operatorname{sign}(\hat{i}_\beta - i_\beta) \end{cases} \tag{3-22}$$

令 $z = [\hat{e}'_\alpha \quad \hat{e}'_\beta] = K_1 \cdot \operatorname{sign}(\bar{\boldsymbol{i}}_s)$,$z$ 既是反电动势 e_α, e_β 的估计值,又是电流误差的开关信号。经式(3-22)计算得到的 $\hat{e}'_\alpha, \hat{e}'_\beta$ 中主要包含反电动势信息和开关引起的畸变量,因此需要用低通滤波器将高频的分量滤除,经过滤波后得到的最终的估计值如下:

$$\begin{cases} \hat{e}_\alpha = \dfrac{\omega_c}{s + \omega_c} \hat{e}'_\alpha \\ \hat{e}_\beta = \dfrac{\omega_c}{s + \omega_c} \hat{e}'_\beta \end{cases} \tag{3-23}$$

式中:ω_c 表示低通滤波器的截止频率。

分析式(3-23)可见,通过截止频率与反电动势两个参数,就可

以估计出转子的位置与电机的转速。若要得到转子位置角度的估计值,可以将式(3-23)中两分量相除并整理得

$$\hat{\theta}_r = -\tan^{-1}\left(\frac{\hat{e}_\alpha}{\hat{e}_\beta}\right) \quad (3\text{-}24)$$

低通滤波器在滤除高频分量的同时也会使输出量的相位滞后,造成不可避免的相移。根据其波特图中幅频特性曲线可知,对频率固定的信号滤波时,若想滤波效果理想,则滤波器截止频率要低且接近信号频率,但此时对应的相位延迟也会变大。所以,为了得到转子估计位置的精确值,还需要对 $\hat{\theta}_r$ 进行补偿。该滞后相位与低通滤波器的 ω_c 值有关,式(3-25)是补偿角的表达式,式(3-26)是经过补偿后的转角估计值。

$$\Delta\theta = \arctan\frac{\hat{\omega}_r}{\omega_c} \quad (3\text{-}25)$$

$$\hat{\theta}_e = \hat{\theta}_r + \Delta\theta \quad (3\text{-}26)$$

图 3.4 所示为典型滑模观测器系统框图,滑模观测器为其核心部分。把定子电流实测值与滑模观测器输出的估算值之差作为开关控制函数的输入,开关控制函数的输出为连续的开关信号 Z_α,Z_β,开关信号经低通滤波器滤波处理后得到反电动势的估算值 $\hat{e}_\alpha$,$\hat{e}_\beta$,由 $\hat{e}_\alpha$,$\hat{e}_\beta$ 在 $(\alpha\text{-}\beta)$ 坐标系中的相互关系推算出转子估计位置 $\hat{\theta}_r$,再加入对应的相位补偿值 $\Delta\theta$,最终得到转子的精确位置 $\hat{\theta}_e$。

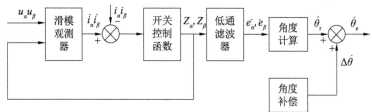

图 3.4 典型滑模观测器系统框图

以上所述为设计典型滑模观测器的基本步骤和方法,把面装式永磁同步电机在两相静止坐标系下检测到的定子电压方程和电流方程的值作为滑模观测器的两个输入量,反电动势的修正由低

通滤波器实现,从而实现滑模控制,精确估计电机转子位置和转速,最终省去机械传感器,实现无传感器控制。

3.3　典型滑模观测器改进

3.3.1　滑模电流观测器切换函数改进

在传统滑模观测器设计中,首先需要计算出电机反电动势的值,再求出转子的具体位置。由于滑模控制是非连续的,在系统中有抖振问题,且反电动势常常是由低通滤波器获得的,因此通过反电动势得到的是存在相位滞后的位置信息,还要进行相位补偿,这就使得系统更加复杂。如果用双曲正切 tanh 函数代替滑模开关函数建立滑模电流观测器,则无需经过滤波处理即可得到具有期望相位特性的反电动势,省去了反电动势的滤波模块。本书基于精确估算电机转子位置和转速的考虑,在系统中加入位置归一化处理的锁相环结构。图 3.5 所示为改进型滑模观测器流程图。

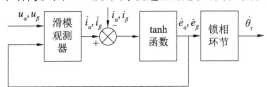

图 3.5　改进型滑模观测器流程图

tanh 函数的曲线如图 3.6 所示。

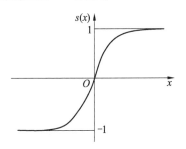

图 3.6　tanh 函数曲线图

由 tanh 函数的波形可见,它和开关函数不同,并没有清晰的比例区间。另外,tanh 函数曲线光滑,选择这个函数可以降低谐波含量。tanh 函数系数越大,$s(\boldsymbol{x})$ 趋近于 1 的速度越快。这里,取 tanh 函数的系数为 1,表达式为

$$s(\boldsymbol{x}) = \begin{cases} 0, & \boldsymbol{x} = \boldsymbol{0} \\ 1, & \boldsymbol{x} \rightarrow +\infty \\ -1, & \boldsymbol{x} \rightarrow -\infty \end{cases} \qquad (3\text{-}27)$$

将双曲正切 tanh 函数作为开关函数,得到

$$\begin{cases} \dfrac{\mathrm{d}\hat{i}_\alpha}{\mathrm{d}t} = -\dfrac{R_s}{L_s}\hat{i}_\alpha + \dfrac{1}{L_s}u_\alpha - \dfrac{K_1}{L_s} \cdot \tanh(\hat{i}_\alpha - i_\alpha) \\ \dfrac{\mathrm{d}\hat{i}_\beta}{\mathrm{d}t} = -\dfrac{R_s}{L_s}\hat{i}_\beta + \dfrac{1}{L_s}u_\beta - \dfrac{K_1}{L_s} \cdot \tanh(\hat{i}_\beta - i_\beta) \end{cases} \qquad (3\text{-}28)$$

双曲正切 tanh 函数定义如下:

$$\begin{cases} \tanh(\hat{i}_\alpha - i_\alpha) = \dfrac{e^{\hat{i}_\alpha - i_\alpha} - e^{-\hat{i}_\alpha + i_\alpha}}{e^{\hat{i}_\alpha - i_\alpha} + e^{-\hat{i}_\alpha + i_\alpha}} \\ \tanh(\hat{i}_\beta - i_\beta) = \dfrac{e^{\hat{i}_\beta - i_\beta} - e^{-\hat{i}_\beta + i_\beta}}{e^{\hat{i}_\beta - i_\beta} + e^{-\hat{i}_\beta + i_\beta}} \end{cases} \qquad (3\text{-}29)$$

选择 $s(\boldsymbol{x}) = \bar{\boldsymbol{i}}_s = \hat{\boldsymbol{i}}_s - \boldsymbol{i}_s = 0$ 为滑模超平面,根据系统的稳定性原理,滑模观测器的开关增益 $K_1 \geqslant \max(|e_\alpha|, |e_\beta|)$。

可见,系统滑模运动的误差也渐近稳定。由 $s(\boldsymbol{x}) = 0$,$\dot{s}(\boldsymbol{x}) = 0$,得 $\hat{i}_\alpha - i_\alpha = 0$,$\hat{i}_\beta - i_\beta = 0$,$\dfrac{\mathrm{d}(\hat{i}_\alpha - i_\alpha)}{\mathrm{d}t} = 0$,$\dfrac{\mathrm{d}(\hat{i}_\beta - i_\beta)}{\mathrm{d}t} = 0$,所得到的控制量为

$$\begin{cases} e_\alpha = K_1 \tanh(\hat{i}_\alpha - i_\alpha) \\ e_\beta = K_1 \tanh(\hat{i}_\beta - i_\beta) \end{cases} \qquad (3\text{-}30)$$

采用双曲正切 tanh 函数之后,由于低通滤波器的应用而产生的相位延迟问题得到有效解决,并且在一定程度上简化了系统的结构,可是,转子转速的跟踪效果不理想,需要进一步完善。

3.3.2 转子位置估计值精确度改进

滑模观测器会对相角进行一定的补偿,计算相角补偿值的过程相对复杂,尽管通过编写运算程序能够实现相角补偿,但编写过程易产生错误,使预估效果受到影响,不能保证转子位置估计值的精确度。基于以上考虑,本节在前面改进的基础上再一次完善系统,在锁相环节中加入归一化处理环节,使得系统参数更加优化,并且提高了跟踪转子位置的速度。图 3.7 所示为带有归一化处理的锁相环节结构图。

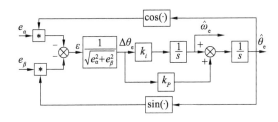

图 3.7 归一化锁相环节结构

未加入归一化处理的锁相环节中,位置误差信号为

$$\varepsilon = -\hat{e}_\alpha \cos \hat{\theta}_r - \hat{e}_\beta \sin \hat{\theta}_r$$
$$= E_{ex} \sin \theta_r \cos \hat{\theta}_r - E_{ex} \cos \theta \sin \hat{\theta} \qquad (3\text{-}31)$$
$$= E_{ex} \sin(\theta_r - \hat{\theta}_r)$$

当观测器接近稳态时,$\theta_r - \hat{\theta}_r$ 很小,$\sin(\theta_r - \hat{\theta}_r)$ 与 $\theta_r - \hat{\theta}_r$ 近似相等。此时在系统中采用归一化处理方式,位置误差的信号可近似为

$$\varepsilon_1 = \theta_r - \hat{\theta}_r \qquad (3\text{-}32)$$

锁相环节传递函数 G_{GPLL} 经过归一化处理后,为

$$G_{GPLL} = \frac{\hat{\theta}_r}{\theta_r} = \frac{k_p s + k_i}{s^2 + k_p s + k_i} \qquad (3\text{-}33)$$

可见,经过以上改进,系统的观测性能不再随转速而发生变化,便于采用软件编程方式对锁相环节进行参数设计。

3.4 小结

本章首先研究了滑模变结构理论基础,分析了滑模变结构的不足之处,并针对其不足之处设计改进型滑模观测器。针对抖振问题的存在,将原滑模观测器控制中开关切换函数变成双曲正切函数,同时加入经归一化处理的锁相环节提高估算精度。

第4章　自抗扰控制技术

4.1　自抗扰控制概述

　　PID 调节器经历了多个阶段的发展,其应用的领域也不再局限于工业自动化生产。但是,控制策略的先进性总是伴随着控制系统的复杂性,在实际生产生活中,大型复杂控制系统都有时变、非线性和滞后的缺点。随机干扰也会出现在这些系统中,在数据反馈、数据捕捉和控制给定等方面对系统产生诸多不利影响。因此,工业生产中的复杂系统控制已经不能通过传统 PID 控制策略实现了,研究并改进 PID 控制器迫在眉睫。

　　自抗扰控制技术(ADRC)的本质就是基于常规 PID 控制的改进控制策略,此法的思想并不新奇,控制方式非常经典,其最大的优势就是原理简单易懂,可以很方便地应用在没有精确数学模型的控制对象上。图 4.1 为传统 PID 控制结构图。

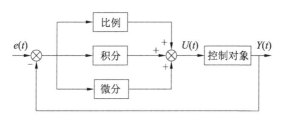

图 4.1　传统 PID 控制结构图

　　比例、积分、微分是 PID 控制器的三个重要组成部分,这三部分通过求和的方式对控制量进行反馈,其输入与输出关系为

$$U(t) = k_P \left[e(t) \, T_\mathrm{i} \int_0^T e(t) \, \mathrm{d}t + T_\mathrm{d} \frac{\mathrm{d}e(t)}{\mathrm{d}t} \right] \qquad (4\text{-}1)$$

式中：T_i 为积分时间常数；k_P 为比例积分系数；T_d 为微分时间常数。

PID 控制简单实用，但随着工业生产过程对产品质量的要求越来越高，在生产环境恶劣的情况下，PID 控制的缺陷日益明显：

① 虽然在 PID 控制策略下系统的动态品质优良，但是系统的增益在 PID 闭环控制中可调性较差，因此当系统处于波动较大的外界环境中时，PID 控制就失去了用武之地。

② 输入的控制量为设定值与实际值之差，通过比例环节将差值放大，这会影响到控制系统的调整时间和超调量。

③ 积分环节的加入也会对系统产生反作用，加入积分环节后更易出现振荡。不仅如此，积分环节的引入相当于在系统中增加了一个开环极点，导致可控性随着积分饱和变差。

④ 理想的微分器目前只存在于理论层面，目前硬件几乎无法实现微分环节，使得其实际应用受到一定的制约。

⑤ 在日趋复杂的当前工业生产过程中，很多系统都是非线性的，而 PID 控制是加权和形式的线性控制，显然已经无法满足当今的控制要求。并且，非线性控制技术正处于快速发展之中，越来越多的控制方法被开发并应用于实际非线性控制系统中。

针对 PID 控制方法的种种缺点，国内外的研究人员提出了不少改进方案，主要有以下几种：

① 人为安排一个过渡过程，跟踪系统输出值，这可以满足系统调节的快速性要求并减小系统的超调量。

② 在滤波环节及对输出的微分数值的提取环节，采用微分跟踪器弥补不足之处。

③ 用非线性理论代替线性加权和 PID 控制器，这样不仅可以使控制系统得到宽范围的适应性，还可以减小反馈时的阻尼增益和比例增益。

图 4.2 所示为非线性 PID 控制器结构图，这种非线性 PID 控

制为自抗扰控制技术奠定了理论基础。首先安排一个过渡过程，输入信号 $v(t)$ 经此过渡过程得到光滑的输出信号 $v_1(t)$，信号 $v_2(t)$ 是输入信号 $v(t)$ 的微分信号，$z_1(t)$ 和 $z_2(t)$ 分别是系统输出的跟踪值和其微分信号，最后将误差进行非线性组合，形成控制量去控制被控对象。

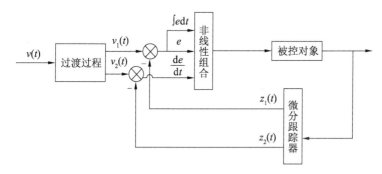

图 4.2　非线性 PID 控制器结构

非线性 PID 控制率可以写成

$$u = k_P f(e) + k_i f\left(\int e dt\right) + k_d f(de/dt)$$

对其进行数学拟合，得一非线性函数 fal(·)，表达式为

$$\mathrm{fal}(e,\alpha,\delta) = \begin{cases} \dfrac{e}{\delta^{\alpha-1}}, & |e| \leqslant \delta \\[2mm] |e|^{\alpha}\mathrm{sign}(e), & |e| > \delta \end{cases} \tag{4-2}$$

式中：α 表示非线性因子；δ 表示滤波因子。

非线性状态误差反馈表达式为

$$u = \beta_1 \mathrm{fal}(e_1,\alpha_1,\delta_1) + \beta_2 \mathrm{fal}(e_2,\alpha_2,\delta_2) \tag{4-3}$$

式中：β_1,β_2 为误差增益。

4.2　自抗扰控制器结构组成

自抗扰控制（ADRC）保持了 PID 控制策略的优点，改进并优化了 PID 控制的不足之处。最早提出这一概念的是中国科学院的韩京清教授,在此后的若干年中,许多专家学者深入学习并完善了这一理论。自抗扰控制主要包括三个部分:扩张状态观测器(ESO)、跟踪微分器(TD)和非线性状态误差反馈控制率(NLSEF)。图 4.3 所示为自抗扰控制器的结构图,其中,TD 的作用是完成过渡过程;ESO 的作用是跟踪被控对象的输出,并估计出被控对象的各阶状态变量和被控对象所受到的内外扰动的实时作用量,是系统重要的组成部分;NLSEF 是误差的非线性组合,它把扩张状态观测器产生的状态变量估计和跟踪微分器产生的各阶导数作差,然后采用一定的方式对其进行非线性拟合,引入"小误差大增益,大误差小增益"理念,大大提高了自抗扰控制的动态性能和鲁棒性。

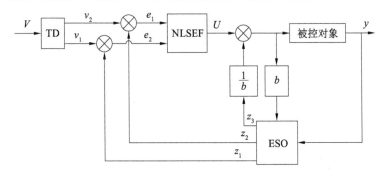

图 4.3　自抗扰控制器结构

4.2.1　扩张状态观测器

使用经典观测器时,首先要选择合适的反馈增益,若想保证观测误差最终趋近于零,在选取反馈增益的时候必须让特征方程的特征根满足"有负实部"这一条件。由此可见,系统的数学模型必须已知,但如果系统是时变系统,或者系统中有非线性成分,则控制系统的状态很难用经典观测器观测。

高增益观测器的反馈增益在取值区间内取较大值,则观测误差在一个较小的区域内趋近零,进而实现在小范围内减小误差的目标。但若该增益取值无限增大,其输出噪声也会被无限放大,即使此方法适用于模型不确定的系统,然而这种过大的增益造成的过大噪声,也使其相比于经典控制毫无优势可言。

与高增益观测器相比,非线性观测器在增益控制方面稍有优势,它的优点在于:随着观测误差增大自动加大增益,当观测误差很小或不明显时增益自动减小。非线性观测器运用的是具体问题具体分析的思想,它不像高增益观测器一味地增大增益。然而,非线性观测器增大增益时对输出的噪声仍然存在放大作用,其观测误差与放大倍数息息相关,从这一角度考虑,非线性观测器也不能完全满足控制需求。

相比于上面三种观测器,扩张状态观测器的优点在于:可以在不知道控制对象的精确数学模型时进行控制,把扰动量当成积分串联环节,同时通过反馈作用对扰动进行实时补偿,从而实时控制系统中由内到外的扰动。

扩张状态观测器最大的特点是对于扰动量的控制不需要有已知的数学模型,即可以在扰动具体情况完全未知的情况下估计并补偿这种扰动,进而可以用自抗扰控制器替换速度环的 PI 控制器,实现系统的优化控制。

4.2.2　二阶非线性扩张状态观测器

近年来,国内外专家学者重点研究的是,如何在有效、合理地消除控制系统中扰动的同时保证控制系统稳态和瞬态性能。起初,扰动可以通过两种原理抑制:一种是 20 世纪四五十年代希巴诺夫提出的“绝对不变性原理”;另一种是 20 世纪加拿大学者提出的“内模原理”。这两种原理有一个共同的缺点,就是必须指定所识别的扰动,即扰动必须是已知量。然而在实际情况中,系统所受的扰动往往不可预测,因此以上两种方法在实际应用中受到限制。

随着相关研究的深入,一种新型的观测器——扩张状态观测器被中国科学院韩京清教授提了出来。它最大的优点就是在不用明确扰动类型的情况下,对系统受到的未知扰动进行实时估测。若系统受到干扰,但其并未影响系统整体控制效果时,可对扰动进行补偿;反之,若此扰动影响到了系统控制效果,则系统可以瞬时抑制该扰动。

扩张状态观测器的二阶非线性系统方程为

$$\begin{cases} \dot{x}_1 = x_2 \\ \dot{x}_2 = f(x_1, x_2) + bu \\ y = x_1 \end{cases} \tag{4-4}$$

将式(4-4)中的干扰项 $f(x_1, x_2)$ 记为新的状态变量 x_3，即令 $x_3 = f(x_1, x_2)$，并将 x_3 扩展到线性系统中，记 $\dot{x}_3 = w$，$\dot{x}_3$ 为扩展状态变量的微分。这样，式(4-4)可扩展成新系统，表达式为

$$\begin{cases} \dot{x}_1 = x_2 \\ \dot{x}_2 = x_3 + bu \\ \dot{x}_3 = w \\ y = x_1 \end{cases} \tag{4-5}$$

对线性系统按式(4-5)建立非线性状态观测器，如下：

$$\begin{cases} e = z_1 - y \\ \dot{z}_1 = z_2 - \beta_{01} e \\ \dot{z}_2 = z_3 - \beta_{02} \mathrm{fal}(e, \alpha_1, \delta) + bu \\ \dot{z}_3 = -\beta_{03} \mathrm{fal}(e, \alpha_2, \delta) \end{cases} \tag{4-6}$$

式中：$\beta_{01}, \beta_{02}, \beta_{03}$ 为扩张状态观测器中的控制参数，其含义与滤波

函数 $\mathrm{fal}(e, \alpha, \delta) = \begin{cases} \dfrac{e}{\delta^{\alpha-1}}, & |e| \leq \delta \\ |e|^{\alpha} \mathrm{sign}(e), & |e| > \delta \end{cases}$ 中参数的含义相同，α 代表

非线性因子，δ 表示滤波因子，β 为误差增益。如果能为扩张状态观测器选取恰当的控制参数 $\beta_{01}, \beta_{02}, \beta_{03}, \alpha, \delta$，那么通过式(4-6)就可以很好地估计出已知的外界扰动和内部扰动（即 x_1, x_2）的作用，而扩张的状态变量 x_3 表示为 $x_3(t) = f(x_1(t), x_2(t))$，总体表达式为

$$\begin{cases} z_1(t) \to x_1(t) \\ z_2(t) \to x_2(t) \\ z_3(t) \to x_3(t) = f(x_1(t), x_2(t)) \end{cases} \tag{4-7}$$

在式(4-7)中，如果状态变量 $f(x_1(t), x_2(t))$ 中含有不确定扰

动项 $\varepsilon(t)$,则状态变量变为 $f(x_1(t),x_2(t),\varepsilon(t))$,此时可改写为 $x_3(t)=f(x_1(t),x_2(t),\varepsilon(t))$,而式(4-6)中其他观测器状态变量不变,仍然能够获得系统的 $x_1(t)$, $x_2(t)$ 状态变量的估计值 $z_1(t)$, $z_2(t)$ 。

整理后得到的式(4-6)表示的非线性状态观测器,被称为式(4-4)表示的非线性系统的扩张状态观测器。图 4.4 所示为二阶非线性系统的 ESO 结构图。

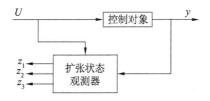

图 4.4　二阶非线性系统扩张状态观测器结构

4.2.3　跟踪微分器

微分器通常情况下运用差分的方式来定义,方程为

$$y=\frac{s}{\tau s+1}v \tag{4-8}$$

式中: v 为输入信号; y 为输出信号; τ 为时间常数。

将式(4-8)离散化为

$$y(t)\approx\frac{1}{\tau}\left[v(t)-v(t-\tau)\right] \tag{4-9}$$

由于输入信号 $v(t)$ 是离散信号,其并不具备微分的条件,同时,输出信号 $y(t)$ 又会因为干扰使得输出精度下降,而误差信号 $e(t)=v(t)-y(t)$ 与 $v(t)$, $y(t)$ 都有关系,因此需要设计更加出色的微分器,不能应用传统的经典微分器。

对于二阶串联型积分器系统,状态方程为

$$\begin{cases}\dot{v}_1=v_2\\\dot{v}_2=u,\ |u|\leqslant r\end{cases} \tag{4-10}$$

式中: r 为常数。

最速控制综合函数 $u=\text{fhan}(v_1,v_2,r,h)$,其表达式如下:

$$\begin{cases} d = rh \\ d_0 = dh \\ a_0 = (d^2 + 8r|y|)^{1/2} \\ a = \begin{cases} v_2 + \dfrac{(a_0 - d)}{2}\text{sign}(y), & |y| > d_0 \\ v_2 + y/T, & |y| \leqslant d_0 \end{cases} \\ \text{fhan} = -\begin{cases} ra/d, & |a| \leqslant d \\ r\,\text{sign}(a), & |a| > d \end{cases} \\ u = \text{fhan}(v_1, v_2, r, h) \end{cases} \qquad (4\text{-}11)$$

式中：r 是判断跟踪快慢的参数，也叫速度因子；h 是决定滤波效果的参数，也叫滤波因子。

如果式(4-11)中的 v_1 用 $v_1 - v_2$ 替代，则式(4-10)可变换为跟踪-微分器数学模型

$$\begin{cases} \dot{v}_1 = v_2 \\ \dot{v}_2 = \text{fhan}(v_1 - v_2, v_2, r, h) \end{cases} \qquad (4\text{-}12)$$

从式(4-12)可以看出：加速度的限制条件是 $\ddot{v} \leqslant r$，积分串联型状态 v_1 可以迅速地跟踪二阶系统下的输入信号 v，跟踪的效果与速度因子 r 有关，r 越大，效果越明显。由此可以看出，在 v_1 与 v 相当接近时，系统中的另一个状态变量 v_2（v_1 的微分状态信号）即可看作输入信号 v 的近似微分。

4.2.4 非线性状态误差反馈控制率

对于二阶非线性系统，如果选取二阶跟踪微分器的数学模型时，v_1, v_2 是跟踪微分器中的状态变量，那么扩张状态观测器的数学模型是三阶的，z_1, z_2, z_3 是扩张状态观测器的状态变量，其中状态 z_3 是经过扩张状态观测器扩张出来的新状态，其主要的功能是对系统所受到的扰动进行实时估测。将跟踪微分器和扩张状态观测器的状态方程作差，得到系统的误差信号。其中，$e_1 = v_1 - z_1$ 为给定信号的误差，$e_2 = v_2 - z_2$ 为输出信号的误差。将所得误差信号经过非线性状态误差反馈控制率进行非线性组合，从而代替线性加权和

的 PID 运算。非线性状态误差反馈控制率输出量 u_0 表达式为

$$\begin{cases} e_1 = v_1 - z_1 \\ e_2 = v_2 - z_2 \\ u_0 = \beta_1 \mathrm{fal}(e_1, \alpha_3, \delta_1) + \beta_2 \mathrm{fal}(e_2, \alpha_4, \delta_2) \end{cases} \quad (4\text{-}13)$$

4.3 自抗扰控制器设计

永磁同步电机控制系统转速及位置辨识过程比较复杂,计算量很大,时间消耗较长,因此,需找到运算过程简单且控制精度高的控制方法完成设计任务。

在矢量控制 SPMSM 调速系统中,采用 $i_d = 0$ 的控制方式,电流环仍然采用 PI 控制器,速度环采用自抗扰控制器。

永磁同步电机运动方程为

$$J \frac{\mathrm{d}}{\mathrm{d}t}\left(\frac{\omega_r}{P}\right) + B\left(\frac{\omega_r}{P}\right) = T_e - T_1 \quad (4\text{-}14)$$

式中:J 为电机的转动惯量;B 为电机的摩擦系数;T_1 为负载转矩;P 为转子磁极对数。

变换式(4-14)可得

$$\frac{\mathrm{d}\omega_r}{\mathrm{d}t} = \frac{P T_e}{J} - \frac{P T_1}{J} - \frac{B \omega_r}{J} \quad (4\text{-}15)$$

由式(4-15)可以看出,负载转矩 T_1、转动惯量 J、摩擦系数 B 的变化都会对整个系统产生影响,这种扰动可以用自抗扰控制器加以抑制。把摩擦系数 B 的变化和转矩 T_1 的变化视为外部扰动,记为 $\omega_1(t)$;把转动惯量 J 的变化视为内部扰动,记为 $\omega_2(t)$,$\omega(t)$ 为内部扰动与外部扰动的总和,即

$$\omega(t) = \omega_1(t) + \omega_2(t) = -\frac{P T_1}{J} - \frac{B \omega_r}{J} \quad (4\text{-}16)$$

则式(4-15)可进一步表示为

$$\frac{\mathrm{d}\omega_r}{\mathrm{d}t} = \frac{P T_e}{J} + \omega(t) \quad (4\text{-}17)$$

式中：$\omega(t)$ 是非线性方程；T_e 为不变的常量。

虽然内外总扰动 $\omega(t)$ 未知，但是由于自抗扰控制中扩张状态观测器的存在，不需要确定扰动的具体形式即能对其进行估测和控制。另外，根据第 2 章中的公式可以看出，面装式永磁同步电机运动方程为一阶方程，因此设计自抗扰控制器时，其控制阶数要根据被控对象的阶数来设定，故在此选择一阶控制器。

一阶 TD 方程为

$$\begin{cases} e_1 = z_{11} - \omega^* \\ \dot{z}_{11} = -r\mathrm{fal}(e_1, \alpha_1, \delta_1) \end{cases} \quad (4\text{-}18)$$

二阶 ESO 方程为

$$\begin{cases} e_2 = z_{21} - \omega \\ \dot{z}_{21} = z_{21} - \beta_{21} \cdot \mathrm{fal}(e_2, \alpha_{21}, \delta_{21}) + b_0 u \\ \dot{z}_{22} = -\beta_{22} \cdot \mathrm{fal}(e_2, \alpha_{22}, \delta_{22}) \end{cases} \quad (4\text{-}19)$$

NLSEF 方程为

$$\begin{cases} e = z_{11} - z_{21} \\ u_0(t) = \beta_3 \cdot \mathrm{fal}(e, \alpha_3, \delta_3) \\ u = u_0(t) - z_{22}/b_0 \end{cases} \quad (4\text{-}20)$$

式中：b_0 表示输入增益；ω^* 表示系统给定的速度信号；u_0 表示 NLSEF 环节输出信号；u 表示 u_0 经过补偿后的输出信号；z_{11} 是一阶 TD 过渡过程的输出速度；z_{21} 表示被控系统实际的观测状态量；z_{22} 表示系统所受到的扰动总和估计的观测状态量。

图 4.5 所示为一阶自抗扰控制器的结构。

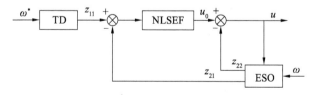

图 4.5　一阶自抗扰控制器结构

永磁同步电机有非线性、强耦合的特性，常规 PI 控制精度低、响应速度不够快,高性能自抗扰控制器具有响应速度快且控制精度高的特性,但其控制器中的控制参数比较多,所以对于自抗扰控制器来说,整定控制器参数是实施改进的首要任务。由于改进的自抗扰控制器参数便于整定且结构简单,抗干扰能力强,很容易应用于面装式永磁同步电机控制系统之中。

4.4 自抗扰控制器优化设计

当永磁同步电机控制系统选择一阶自抗扰控制器时,虽然其控制性能比 PI 控制更好,但该控制器中的微分跟踪器几乎毫无作用,因此,设计采用二阶自抗扰控制器的永磁同步电机矢量控制系统。

矢量控制系统依旧采用 $i_d=0$ 的控制方案,将 i_q 作为系统的输入,得

$$\begin{cases} \dfrac{\mathrm{d}\omega}{\mathrm{d}t}=\dfrac{P\psi_s i_q}{J}-\dfrac{PT_1}{J}-\dfrac{B\omega}{J} \\ \dfrac{\mathrm{d}i_q}{\mathrm{d}t}=-\dfrac{R_s}{L}i_q-\dfrac{\omega\psi_s}{L}-\dfrac{u_q}{L} \end{cases} \tag{4-21}$$

式中:P 为极对数;i_q 为定子电流 q 轴分量;ψ_s 为定子磁链;L 为 d 和 q 轴自感;J 为转动惯量;R_s 为定子电阻;B 为摩擦系数;T_1 为负载转矩。

整理式(4-21)可得

$$\dddot{\omega}=-\frac{P\psi_s^2\omega}{JL}-\frac{PR_s\psi_s i_q}{JL}-\frac{BP\psi_s i_q}{J^2}+\frac{B^2\omega}{J^2}+\frac{BPT_1}{J^2}-\frac{P\dot{T}_1}{J}+\frac{P\psi_s}{JL}u_q \tag{4-22}$$

得到面装式永磁同步电机的二阶运动方程,令

$$a(t)=-\frac{P\psi_s^2\omega}{JL}-\frac{PR\psi_s i_q}{JL}-\frac{BP\psi_s i_q}{J^2}+\frac{B^2\omega}{J^2}+\frac{BPT_1}{J^2}-\frac{P\dot{T}_1}{J},b=\frac{P\psi_s}{JL}$$

则式(4-22)可以写成 $\dddot{\omega}=a(t)+bu_q$。

将控制系统中一阶控制器设计为二阶控制器后,微分跟踪器发挥出了重要的作用,但是随之而来的问题是控制器参数变多,许

多一阶自抗扰控制器中的经验参数无法应用于二阶自抗扰控制器之中。因此,下一步要解决的问题就是整定控制器参数。

4.5 控制器参数整定

基于传统自抗扰控制所需的控制参数比较多这一缺点,本研究对自抗扰控制器进行改进,采用线性自抗扰控制方式,保持原自抗扰控制不需控制对象提供精确数学模型的优点,同时减少控制参数,提高整个控制系统的性能。

二阶线性 TD 方程为

$$\begin{cases} \dot{z}_{11} = z_{12} \\ \dot{z}_{12} = r^2\left[v(t) - z_{11}\right] - 2\delta r\dot{z}_{11} \end{cases} \tag{4-23}$$

三阶线性 ESO 方程为

$$\begin{cases} e = z_{21} - y \\ \dot{z}_{21} = z_{22} - \beta_1 \\ \dot{z}_{22} = z_{23} - \beta_2 + bu \\ \dot{z}_{23} = \beta_3 \end{cases} \tag{4-24}$$

NLSEF 方程为

$$\begin{cases} u = k_d(z_{11} - z_{12}) + k_q(z_{11} - z_{12}) \\ u_0 = u - z_{22}/b \end{cases} \tag{4-25}$$

4.5.1 永磁同步电机的时间尺度

以上所述改进型自抗扰控制器,当其受控对象参数发生变化时,为了省去重新拟定控制器模型这一烦琐的过程,引入时间尺度的控制方法。在系统中引入时间尺度后,控制对象参数发生变化时,只要知道不同永磁同步电机的时间尺度,即可通过改进型自抗扰控制器得到控制参数中的第一组数据,再利用永磁同步电机中的参数,便可以计算出自抗扰控制器的各个参数。

对于二阶系统 $\ddot{x} = f(x, \dot{x}, t)$,记 $M = \max\limits_{|x| \leqslant q_1, |\dot{x}| \leqslant q_2} |f(x, \dot{x}, t)|$,其中 q_1, q_2 表示运动范围的临界值,时间尺度定义为

$$p = \frac{1}{\sqrt{M}} \tag{4-26}$$

由于自抗扰控制器的抗扰动性能很好,在进行补偿工作时,可把负载变化看作未知扰动,对其进行补偿,从而抑制负载变化带来的影响,故此处不考虑负载变化,认为 $T_L = 0$。

令 $k_1 = \dfrac{\psi_s P}{JL}$,$k_2 = \dfrac{B}{J^2}$,则式(4-22)可化简为

$$\dddot{\omega} = f(\omega, \dot{\omega}, u_q) = -(k_1\psi_s - k_2)\omega - k_1 R i_q - k_2 P \psi_s i_q \tag{4-27}$$

$$M = \max | -(k_1\psi_s - k_2)\omega - k_1 R i_q - k_2 P \psi_s i_q | \tag{4-28}$$

记极值

$$g(\cdot) = | -(k_1\psi_s - k_2)\omega - k_1 R i_q - k_2 P \psi_s i_q | = (k_1\psi_s - k_2)\omega + k_1 R i_q + k_2 P \psi_s i_q \tag{4-29}$$

式中:$\omega \in [0, n_0]$,n_0 为额定转速的幅值。

当 $(k_1\psi_s - k_2) \leqslant 0$ 时,化简可知,$\psi_s^2 PJ \leqslant BL$,最大值为 0,此时 $\omega = 0$。

当 $(k_1\psi_s - k_2) > 0$ 时,化简可知,$\psi_s^2 PJ > BL$,$(k_1\psi_s - k_2)\omega$ 的最大值为 $(k_1\psi_s - k_2)n_0$,此时 $\omega = n_0$。

对于大部分电机,$\psi_s^2 PJ \geqslant BL$,则 $g(\cdot) = (k_1\psi_s - k_2)n_0 + k_1 R i_q + k_2 P \psi_s i_q$,则

$$p = \frac{1}{\sqrt{(k_1\psi_s - k_2)n_0 + k_1 R i_q + k_2 P \psi_s i_q}} \tag{4-30}$$

由式(4-30)可见,时间尺度 p 的具体数值完全可以根据永磁同步电机的参数计算得出。

4.5.2　基于时间尺度计算的自抗扰控制器参数整定

自抗扰控制器中的参数用 $U = r, \beta_1, \beta_2, \beta_3, b, k_d, k_p$ 表示,假设已整定好时间尺度(p_1)的闭环系统的自抗扰控制器参数为 $r_1, \beta_{11}, \beta_{12}, \beta_{13}, b_1, k_{d1}, k_{p1}$,如果 b_1 和 b 相差不大,同时其跟踪速度因子 r 不小于给定整定值 r_1,且有关系式 $r p_1^2 \geqslant r_d p_0^2$,那么时间尺度为 p_0 时的自抗扰控制器参数关系可表示为

$$\begin{cases} rp_0^2 = r_1p_1^2 \\ \delta/p_0 = \delta_1/p_1 \\ \beta_1p_0 = \beta_{11}p_1 \\ \beta_2p_0^2 = \beta_{12}p_1^2 \\ \beta_3p_0^3 = \beta_{13}p_1^3 \\ k_dp_0 = k_{d1}p_{d1}^2 \\ k_p/p_0 = k_{p1}/p_1 \end{cases} \qquad (4\text{-}31)$$

　　永磁同步电机时间尺度可以根据式(4-30)计算得出,将计算所得时间尺度和一组已调定的自抗扰控制参数代入式(4-31)中,即可算出此电机自抗扰控制器的各个参数,完成参数整定。

　　时间尺度概念是由"时间常数"的概念经过一步步的衍变最终形成的。受控对象不同时,时间尺度也不同,根据不同受控对象所对应的不同时间尺度,可以直接计算出自抗扰控制器的各个参数。因此,在对自抗扰控制器进行参数整定时,时间尺度发挥了巨大的作用,既可以优化参数整定过程,又能确保改进型自抗扰控制器反应的快速性和强抗干扰性。

4.6　改进型二阶线性自抗扰控制器仿真建模

　　建立二阶线性自抗扰控制器仿真模型如图4.6所示。

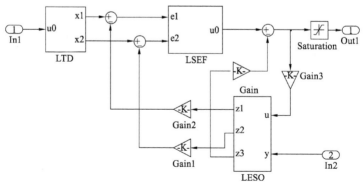

图4.6　二阶线性自抗扰控制器仿真模型

在采用反馈抑制扰动方面,虽然许多专家学者都在研究线性反馈理论,但其反馈的效果与非平滑反馈的效果始终存在差距。因此,本研究将改进的 fal 函数加入线性自抗扰控制对象后进行滤波处理,这样可以改善原 fal 函数误差大增益小的缺点。

在自抗扰控制技术中,NLSEF 环节和 ESO 环节的函数均为非线性函数。在改进型自抗扰控制器中,为了精简结构,对设计的控制器进行了线性化处理,同时,在设计系统中加入一个非线性函数以减小系统的误差。非线性函数引入系统后,当误差较大时,选择较小的增益反馈量;当误差较小时,选择较大的增益反馈量。

fal 函数在传统自抗扰控制器中用在系统误差较小时,采用线性控制策略,可以保证误差快速减小到零;用在系统误差较大时,采用非线性控制策略,可使系统最终达到稳定状态。fal 函数与误差之间呈反比关系,但不是精确的反比例函数,它的优点就是在保证系统具有快速响应的同时不会使得误差过大。

即使经过上述处理过程,在某些情况下控制还是不能达到预期效果,尤其是误差较大的时候,误差增益太小,虽然能保证系统不进入饱和状态以维持系统的稳定性,但控制结果的精度远远不如误差小时。在这种情况下,系统整体的控制能力受到制约,无法获得优良的控制性能。针对误差突增时 fal 函数表现并不理想这一特点,对其进行改进,表达式为

$$\mathrm{fal}(e,\alpha,\delta) = \begin{cases} ke, & |e| > c \\ |e|^{\alpha}\mathrm{sign}(e), & \delta < |e| \leq c \\ \dfrac{e}{\delta^{1-\alpha}}, & |e| \leq \delta \end{cases} \quad (4\text{-}32)$$

式中:δ 表示非线性与线性误差反馈的临界点;k 表示线性部分的反馈增益;e 为误差信号。

式(4-32)在原 fal 函数的基础上细化分段,加入 $|e| > c$ 的部分,此段为比例函数。这样函数整体曲线呈非平滑状态,这一特性极大地改进了原 fal 函数误差大时响应速度慢的不足。

fal 函数加入 $|e| > c$ 线性部分后,仅仅在 $[c,1]$ 区域内与系数 α

有关,在这一段范围内,可以通过反馈作用使误差按指数规律衰减,误差递减速度的快慢由系数 α 的大小判断,α 越大,递减的速度越快。若要获得更好的控制效果,也可以同时调整 α 和反馈过程中的比例系数。

4.7 小结

本章分析研究了 PID 控制的不足之处,对面装式永磁同步电机矢量控制中的速度环加以改进,将传统的 PI 控制器用自抗扰控制器代替,仿真验证了自抗扰控制器的优越性;在传统自抗扰控制器的基础上提出改进型自抗扰控制器,针对自抗扰控制器中参数较多,不利于参数整定这一缺点,提出线性自抗扰控制方法;在控制对象前引入改进的 fal 函数对信号进行滤波处理,在计算出控制对象的时间尺度后直接计算自抗扰控制器的各个参数,省去了参数的试凑过程。据此,构成改进型自抗扰控制器。

第5章 面装式永磁同步电机优化控制系统分析

5.1 高速运行矢量控制系统仿真

5.1.1 子系统模型

在矢量控制系统中,存在若干个子系统。电压空间矢量控制技术(SVPWM)是矢量控制系统的重要组成部分,其理论分析详见第1章。本节主要针对电压空间矢量控制技术,应用Matlab/Simulink建立仿真模型,并对模型进行分析。图5.1所示为电压空间矢量控制系统的整体控制模块,子模块如图5.2至图5.6所示。

整个电压空间矢量控制系统由5个子系统构成,每个子系统分别用来实现第2章中永磁同步电机数学模型所涉及的特定功能。

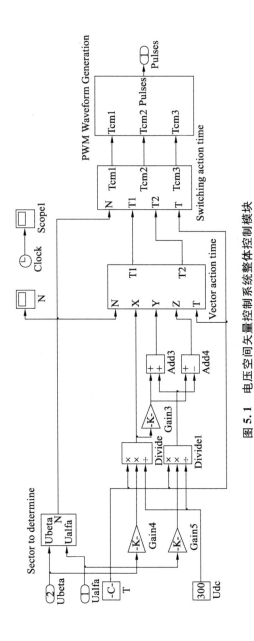

图 5.1 电压空间矢量控制系统整体控制模块

（1）扇区判断仿真模型如图 5.2 所示，根据表（1-1）和式（1-35）可以准确判断出电压所在的扇区。

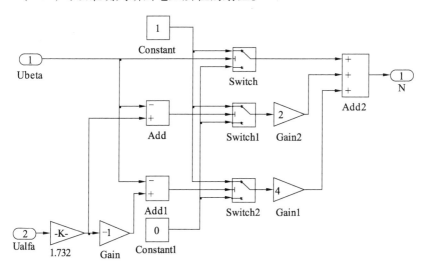

图 5.2　扇区判断仿真模型

（2）X,Y,Z 计算模型如图 5.3 所示，此模型可以方便地求出中间变量。

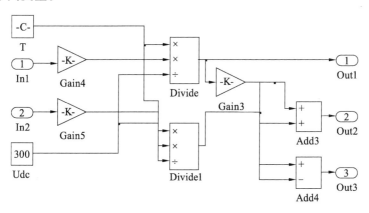

图 5.3　X,Y,Z 计算模型

（3）T_1,T_2 计算模型如图 5.4 所示，该模型为后面子模型的正常计算提供了可靠的计算数据。

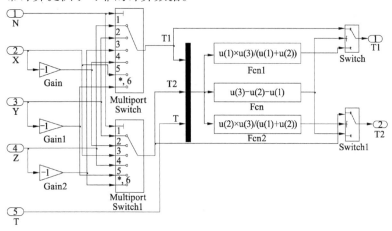

图 5.4 T_1, T_2 计算模型

（4）T_{cmp1}, T_{cmp2}, T_{cmp3} 计算模型如图 5.5 所示，可以利用此模型计算出中间变量。

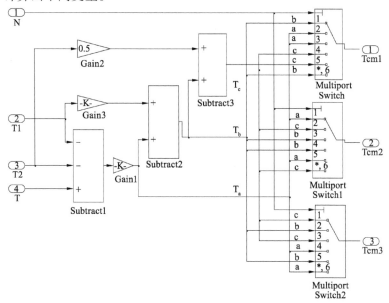

图 5.5 T_{cmp1}, T_{cmp2}, T_{cmp3} 计算模型

（5）PWM 生成模型如图 5.6 所示,这一模块是输出触发脉冲
的关键,可以准确地输出理想的触发脉冲,在电机调速系统中起到
关键的作用。

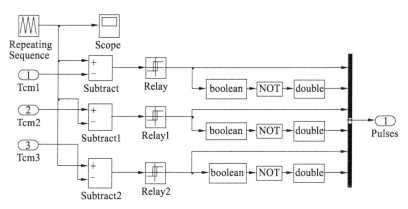

图 5.6　PWM 生成模型

5.1.2　仿真结果分析

在上述电压空间矢量控制模式下,建立永磁同步电机的 $i_d = 0$
矢量控制系统,设定转速为 600 r/min,直流母线电压为 350 V,负
载力矩给定值为 0.4 N·m,在 0.04 s 时减小为 0.3 N·m。电压空
间矢量控制输出线电压波形如图 5.7 所示,矢量所在扇区变换如
图 5.8 所示,从图中可以看出,电压空间矢量按照所在扇区值从小
到大周期变化,与第 1 章理论分析一致。

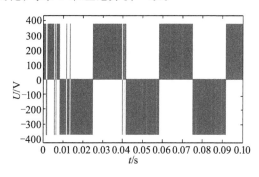

图 5.7　电压空间矢量控制输出线电压波形

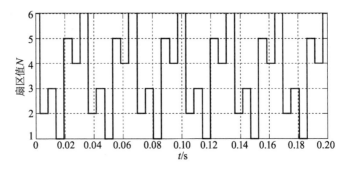

图 5.8　矢量所在扇区变换

永磁同步电机矢量控制三相电流波形如图 5.9 所示，永磁同步电机矢量控制 d，q 轴电流波形如图 5.10 所示。

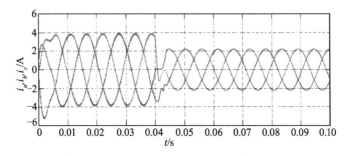

图 5.9　永磁同步电机矢量控制三相电流波形

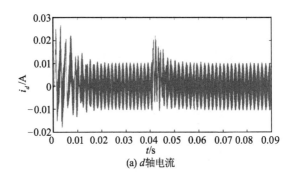

(a) d 轴电流

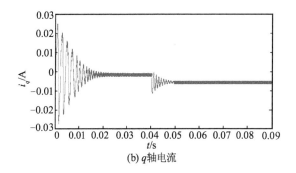

(b) q 轴电流

图 5.10　永磁同步电机矢量控制 d,q 轴电流波形

　　图 5.11 为相邻两个基本电压矢量作用时间图。电压空间矢量的轨迹是一个正多边形,在触发脉冲区分点足够小时,此正多边形近乎圆形。当电压空间矢量转过一个扇区时,前一个基本电压矢量起主要作用,此时 T_1 值较大,而 T_2 的值接近于零。随着电压空间矢量不断地旋转,矢量逐渐靠近与之相邻的下一个基本电压矢量,此时,T_1 的值逐渐减小,而 T_2 的值逐渐增大,此分析与图 5.11 吻合。

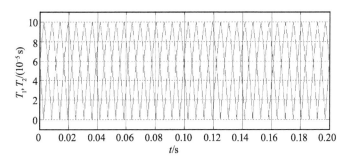

图 5.11　电压矢量作用时间图

　　产生的脉冲宽度调制(PWM)波形需要与三角载波进行比较。在图 5.12 中,用 T_{c1},T_{c2},T_{c3} 分别表示三个比较值,T_{c1},T_{c2},T_{c3} 的大小即为每相中开关的作用时间,作用时间长短决定着所产生的 PWM 脉冲的宽度。

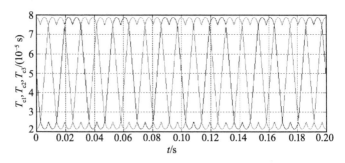

图 5.12　电压比较时间图

在 0.04 s 时将负载力矩从 0.4 N·m 减小为 0.3 N·m,电机转速波形及输出转矩波形分别如图 5.13 和图 5.14 所示。由图 5.13 和图 5.14 可知,系统大约经过 30 ms 达到稳态,转速达到设定值 600 r/min。在 0.04 s 时,将负载转矩从 0.4 N·m 减小到 0.3 N·m,转速出现短时间的振荡过程,最终恢复到 600 r/min 的稳定状态,说明力矩的变化对转速的影响微乎其微,更进一步证明系统的抗负载干扰能力较强,且转速闭环对系统起到了较好的调节作用。

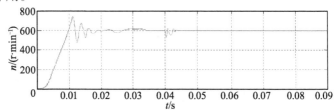

图 5.13　永磁同步电机矢量控制转速波形

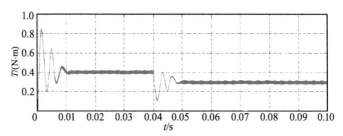

图 5.14　永磁同步电机矢量控制输出转矩波形

5.2　基于改进型滑模观测器的矢量控制系统分析

5.2.1　系统模型搭建

图 5.15 所示为在 Matlab/Simulink 环境下建立的基于改进型滑模观测器(SMC)的永磁同步电机矢量控制的仿真模型。

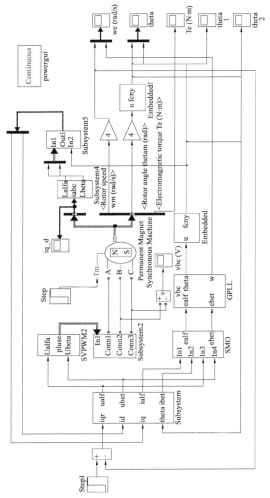

图 5.15　基于改进型滑模观测器的永磁同步电机矢量控制仿真模型

其中,改进型滑模观测器具体的仿真模型如图 5.16 所示。

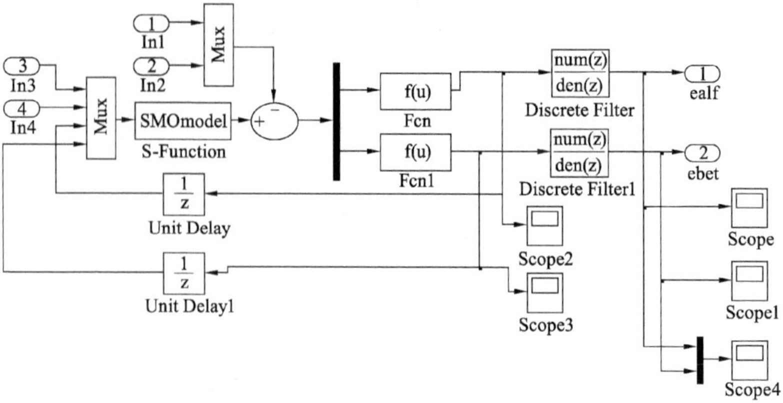

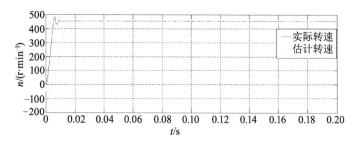

图 5.16 改进型滑模观测器仿真模型

5.2.2 系统仿真分析

电机参数与前面相同,在改进型滑模观测器的无传感器控制系统中,设定电机给定转速为 450 r/min,图 5.17 为系统的实际转速与估计转速的响应曲线,图 5.18 所示为转子实际位置与估计位置的仿真曲线。由图可见,所设计系统转速和转子位置跟踪基本能满足设计要求,转速启动超调不大,启动时间在 0.02 s 左右,系统响应快速,转速稳态误差小,大约在 10 r/min,转子位置跟踪能够实现实时检测,但滑模观测器控制固有的抖振的存在导致明显的延时现象,实时误差偏大,大约在 15°。

图 5.17 转速恒为 450 r/min 时实际转速与估计转速响应曲线

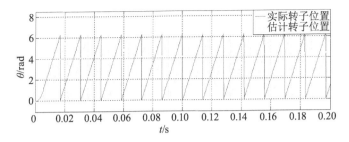

图 5.18　转速恒为 450 r/min 时转子实际位置与估计位置仿真曲线

在 0.1 s 时,将转速由 450 r/min 升高到 650 r/min,其他条件不变,系统的实际转速与估计转速响应曲线如图 5.19 所示,转子实际位置与估计位置仿真曲线如图 5.20 所示。从图中可以看出,转速升高后大约 0.01 s 调节过程结束,达到另一稳态,稳态误差大约在 10 r/min;在转子位置跟踪上,由于 SMC 固有的抖振存在,仍出现明显的延时现象,导致实时误差偏大,在 15°左右,尤其在 0.1 s 转速变化时,转子位置跟踪出现明显的误差,大约在 30°。

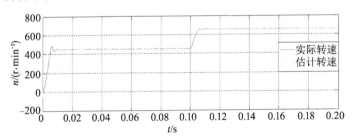

图 5.19　转速从 450 r/min 升至 650 r/min 时实际转速与估计转速响应曲线

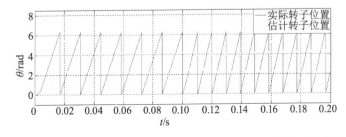

图 5.20　转速从 450 r/min 升至 650 r/min 时转子实际位置与估计位置仿真曲线

由仿真结果可以看出,滑模观测器能够在高速运行时对转子的位置进行实时检测,但由于其固有的抖振现象的存在,使得转子位置跟踪在稳态时存在一定的误差与延时现象,尽管加以改进可以在一定程度上减少这种抖振,却并不能完全消除。因此,由抖振产生的延时也不能完全消除,这使得控制系统的实时精度受到很大的影响。

5.3 传统自抗扰控制器仿真分析

在 Matlab/Simulink 环境下搭建自抗扰控制器矢量控制仿真模型。通过仿真对自抗扰控制器的性能进行分析验证,在此控制系统中,将自抗扰控制器应用于速度环,设计针对转速的控制策略。

电机先以空载启动,给定转速为 500 r/min,在 0.2 s 时加入一个 3 N·m 的负载转矩,PI 控制器和自抗扰控制器转速响应曲线分别如图 5.21 a 和图 5.21 b 所示,PI 控制器和自抗扰控制器转矩响应曲线分别如图 5.22 a 和图 5.22 b 所示。

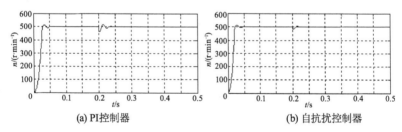

(a) PI控制器　　　　　　　　　(b) 自抗扰控制器

图 5.21　转速响应曲线

由图 5.21 可见,PI 控制器下启动过程超调量大于 ADRC 控制下的超调量,启动时间较长。在 0.2 s 时加入 3 N·m 的负载转矩,采用 PI 控制器的转速下降约 30 r/min,采用自抗扰控制器的转速下降约 15 r/min,自抗扰控制器达到另一稳态所需调整时间也较短,大约在 0.05 s,这充分说明了自抗扰控制器优于 PI 控制器。原因在于,自抗扰控制系统中有扩张状态观测器,系统可对扰动进行估计并实时补偿扰动所带来的影响。

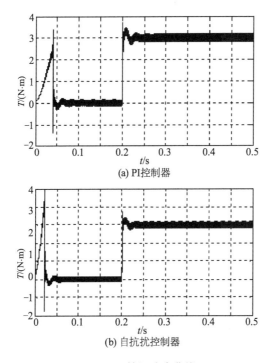

图 5.22 转矩响应曲线

从图 5.22 中可见,PI 控制器空载时的启动转矩没有自抗扰控制器启动转矩大,PI 控制器启动时间大约需要 0.1 s,而自抗扰控制器只要 0.05 s;在 0.2 s 时加入 3 N·m 的负载转矩,PI 控制器的调整时间也较 ADRC 控制器的调整时间长,这对于电机实时控制不利。

5.4 改进型自抗扰控制器在矢量控制中的模型及仿真

5.4.1 改进系统建模

图 5.23 所示为在 Matlab/Simulink 中搭建的系统仿真模型,此系统基于改进型自抗扰控制方式构建,以面装式永磁同步电机为研究对象,采用矢量控制方式。

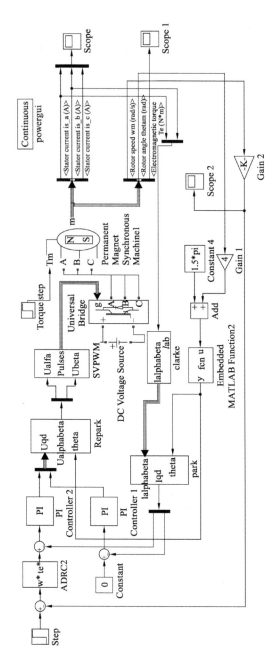

图 5.23　改进型自抗扰控制器在面装式永磁同步电机矢量控制中的模型

相应的电机参数为：额定电压 $U_N = 380$ V，额定转速 $n =$ 3 000 r/min，额定频率 $f = 50$ Hz，额定功率 $P_e = 4$ kW，定子电阻 $R_s =$ 12.9 Ω，转子电阻 $R_r = 1.395$ Ω，转动惯量 $J_m = 0.000\,8$ kg·m^2，电机极对数 $P = 2$，永磁体磁链 $\psi = 0.66$，阻尼系数 $\delta = 0.05$。

改进后的自抗扰控制模型如图 5.24 所示，其作用仍然是对转速进行控制，但是在输出前增加了限幅环节。

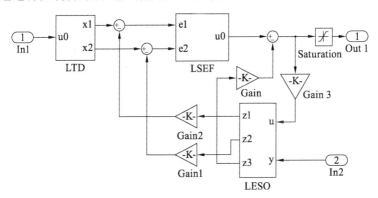

图 5.24　改进型自抗扰控制模型

图 5.25 所示为速度辨识模型，这是系统实现无传感器控制必须具备的模块，旨在从现有参数中提取出转速信息。

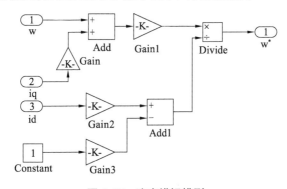

图 5.25　速度辨识模型

5.4.2　改进系统仿真分析

空载启动，给定电机的转速为 500 r/min，在 0.2 s 时加入负载

转矩 $T_1 = 3$ N·m，图 5.26、图 5.27 分别为 PI 控制和改进型自抗扰控制下的转速及转矩响应曲线。

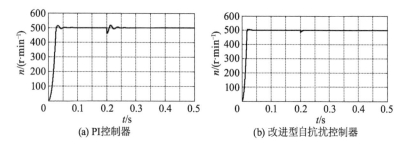

图 5.26　转速响应曲线

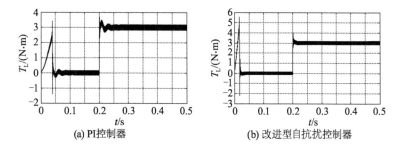

图 5.27　转矩响应曲线

从图 5.26 和图 5.27 中不难看出，改进型自抗扰控制的启动超调量变小，启动时间也变短，大约在 0.03 s，响应速度约为 PI 控制的 2 倍。在 0.2 s 时加入负载转矩，自抗扰控制下的转速降幅很小，低于 10 r/min，大约在 0.01 s 后达到另一稳态。改进型自抗扰控制器调整时间短，抗干扰能力强，转矩能够迅速恢复到 3 N·m。

空载启动，给定电机的转速为 500 r/min，在 0.2 s 时将转速提高到 700 r/min，图 5.28、图 5.29 分别为 PI 控制和改进型自抗扰控制下的转速及转矩响应曲线。由图可见，改进型自抗扰控制的启动超调量小于 20 r/min，启动时间也短，大约在 0.03 s。在 0.2 s 转速发生变化时，改进型自抗扰控制器调整时间在 0.02 s 左右，依然保持其快速性和稳定性。

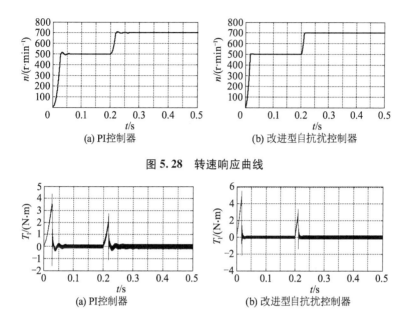

(a) PI控制器　　　　　　(b) 改进型自抗扰控制器

图 5.28　转速响应曲线

(a) PI控制器　　　　　　(b) 改进型自抗扰控制器

图 5.29　转矩响应曲线

给定电机的转速为 500 r/min,空载启动,在 0.2 s 时转速从原来的 500 r/min 提高到 700 r/min,并且加入 $T_1 = 3$ N·m 的负载,此时,PI 控制和改进型自抗扰控制下的转速及转矩响应曲线分别如图 5.30 和图 5.31 所示。由图可见,PI 控制下转速下降量非常大,约为 200 r/min,调整时间在 0.06 s;改进型自抗扰控制器转速下降约 100 r/min,调整时间在 0.025 s 左右。这表明,在复杂的运行环境下,改进型自抗扰控制比 PI 控制优越。

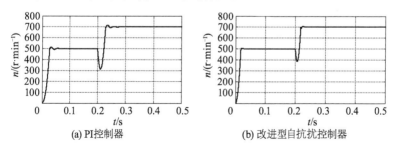

(a) PI控制器　　　　　　(b) 改进型自抗扰控制器

图 5.30　转速响应曲线

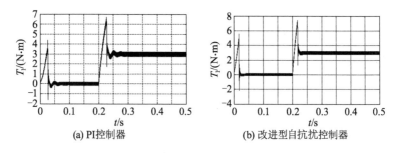

图 5.31　转矩响应曲线

最后,给出改进型自抗扰无传感器控制系统在 3 000 r/min 运行时电机转子位置、转速及其误差波形如图 5.32 所示。

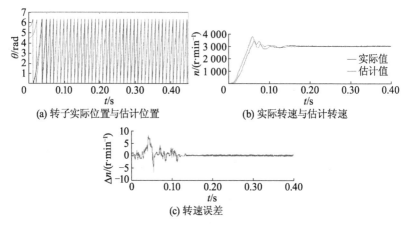

图 5.32　3 000 r/min 运行时电机转子
转子实际位置与估计位置、实际转速与估计转速及其误差波形

从图 5.32 中可以看出,采用基于改进型自抗扰控制的无传感器控制系统,启动时间大约在 0.15 s,启动时转速误差不超过 10 r/min,超调量在精度允许范围内,系统估算的转子位置误差在允许范围内,转子位置实时跟踪的延时也得到了有效解决,达到了一定的控制效果。

5.5　小结

本章采用多种方法研究永磁同步电机,从滑模观测方法和自抗扰控制策略入手,建立不同控制策略下面装式永磁同步电机中高速运行的矢量控制系统,并通过仿真进行验证。

首先,证明改进型滑模观测器具有良好的动态性能,在系统转速较高时观测器的表现更为出色,但仍会出现由于抖振的存在而引起的误差。

其次,在前面分析的基础上构建了改进型自抗扰控制器,并将其应用于面装式永磁同步电机无传感器矢量控制系统,结果表明,改进型自抗扰控制器结构简单,且具有稳定性强和抗干扰能力强的特点,能比较准确地检测出转子的位置信息。

第6章 基于改进型滑模变结构的宽转速范围转子位置控制系统

6.1 d 轴电流环滑模自抗扰控制器

针对面装式永磁同步电机的 d 轴电流环,设计一阶滑模自抗扰控制器(SM-ADRC),对 d 轴电流进行闭环控制。由于实际系统采用的是 $i_d = 0$ 的控制方式,电流应该为零,因此这里对于直轴电流环控制方程进行推导,以便 SM-ADRC 系统的推广应用。

由前述分析可知,d 轴电流环的扰动量为 $\hat{a}_3(t)$,表达式为

$$\hat{a}_3(t) = \frac{L_q}{L_d}\omega i_q \tag{6-1}$$

令 $b_3 = \frac{1}{L_d}$,$f_d = -\frac{R_s}{L_d}i_d$,则 d 轴电流方程为

$$\frac{\mathrm{d}i_d}{\mathrm{d}t} = f_d + \hat{a}_3(t) + b_3 u_d \tag{6-2}$$

式(6-2)中,f_d 表示系统已知扰动;$\hat{a}_3(t)$ 表示系统外部未知扰动量。$\hat{a}(t)$ 为有界函数,即 $\dot{\hat{a}}_3(t) = a_0'(t)$ 且保证 $a_0'(t) \leq A$,因此,电流环的扰动能够被有效地估计出来,并加以补偿,抗扰性能大大提高,对直轴输入电压的扰动抑制作用也增强。

一阶 d 轴电流环 SM-ADRC 的设计与二阶速度电流环 SM-ADRC 设计类似,可参照前述内容和 6.2 节内容,得到 d 轴电流环的滑模自抗扰控制器,控制结构如图 6.1 所示。

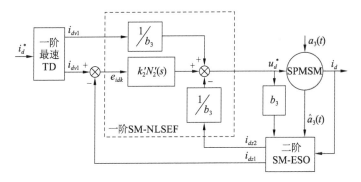

图 6.1　d 轴电流环滑模自抗扰控制器结构

直轴电流环调节器的具体形式如下：

一阶最速 TD 为

$$\begin{cases} e_{idv} = i_{dv1} - i_d^* \\ \dot{i}_{dv1} = -r_1 \cdot \text{fhan}(e_{idv}, i_{dv1}, r_1, h_1) \end{cases} \tag{6-3}$$

二阶 SM-ESO 为

$$\begin{cases} e_{idz} = i_{dz1} - i_d \\ \dot{i}_{dz1} = i_{dz2} + b_3 u_d^* \\ \dot{i}_{dz2} = -\left[c_1 e_{idz} + k_1 N_1'(s) \right] \end{cases} \tag{6-4}$$

一阶 SM-NLSEF 为

$$\begin{cases} e_{idk} = i_{dv1} - i_{dz1} \\ u_d^* = k_2' N_2'(s) - \dfrac{i_{dz2}}{b_3} + \dfrac{\dot{i}_{dv1}}{b_3} \end{cases} \tag{6-5}$$

d 轴电流在一阶滑模自抗扰调节器的闭环控制下，动态性能得到大幅提高，还可以估计并补偿系统电压扰动，系统稳定性更好。

6.2　基于滑模自抗扰控制策略的中高速运行控制器

由前述分析可知改进型自抗扰控制器的三个组成部分——

TD,ESO 和 NLSEF 状态方程的具体形式,而在二阶自抗扰永磁同步电机控制系统中,需要手动调整的参数非常多,参数整定过程比较困难。三阶甚至更高阶次的自抗扰电机控制系统,会有更多参数需要调整,为此,需要改善自抗扰控制参数整定的方法,运用复合控制策略来优化自抗扰永磁同步电机控制系统的设计,从而简化实际参数整定过程,使得自抗扰永磁同步电机调速系统的性能更佳。

6.2.1 速度电流控制器设计

在参数整定过程中,为了减少高阶自抗扰控制系统中 ESO 和 NLSEF 环节实际控制参数的数量,采用滑模变结构趋近律法优化参数调节,并用继电特性函数 $N(s)$ 代替原开关函数,构成 SM-ADRC 系统。以下对 SM-ADRC 系统的具体结构做详细的分析阐述。

由前面分析可知,电机速度电流环的二阶状态方程为

$$\dddot{\omega} = -\frac{B\dot{\omega}}{J} - \frac{P\psi_f}{JL_q}\omega - \frac{P\psi_f R_s}{JL_q}i_q - \frac{P\dot{T}_L}{J} + \frac{P\psi_f}{JL_q}u_q \qquad (6\text{-}6)$$

为方便设计面装式永磁同步电机系统的二阶滑模自抗扰速度控制器,令

$$\hat{a}_2(t) = -\frac{B\dot{\omega}}{J} - \frac{P\psi_f}{JL_q}\omega - \frac{P\psi_f R_s}{JL_q}i_q - \frac{P\dot{T}_L}{J}, b_2 = \frac{P\psi_f}{JL_q}$$

则式(6-6)可简化为

$$\ddot{\omega} = \hat{a}_2(t) + b_2 u_q \qquad (6\text{-}7)$$

由于采用无传感器控制技术,速度的提取仍然采用第 5 章中建立的速度辨识模型,速度电流环的实际状态控制方程在 $\dot{\omega}$ 和 $\ddot{\omega}$ 已知的条件下,可表示为

$$\begin{cases} \dot{x} = x_2 = \dot{\omega} \\ \dot{x}_2 = \ddot{\omega} = f(x_1, x_2) + \hat{a}_2(t) + b_2 u_q(t) \\ x_1 = \omega \end{cases} \qquad (6\text{-}8)$$

下面针对面装式永磁同步电机速度控制系统,设计基于 SM-

ADRC 系统的转速电流环。由于系统效率是电机控制的一个主要指标,为了获得较高的系统效率,对速度电流环进行优化设计,省去 NLSEF 积分环节,如图 6.2 所示,其中的积分环节不做运算处理。

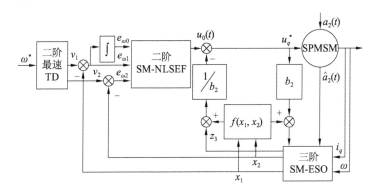

图 6.2　速度电流环滑模自抗扰控制器的总体框图

图 6.2 中,各个参数的含义如下:u_q^* 表示 q 轴给定电压;ω^* 表示给定转子速度;ω 表示转子速度反馈信号;v_1 表示 ω^* 的跟踪信号;x_1 表示 ω 的跟踪信号;v_2 表示 v_1 的微分信号;x_2 表示 x_1 的微分信号(实际检测 q 轴反馈电流 i_q 参与计算);$f(x_1,x_2)$ 表示系统已知扰动;$\hat{a}_2(t)$ 表示系统未知扰动;z_3 表示不确定部分观测量。

在 SM-ADRC 系统中,先利用二阶最速 TD 为给定转速 ω^* 提供过渡过程,由于 TD 对噪声具有很好的滤波作用,因此可获得光滑的跟踪信号 v_1,然后提取 v_1 的一次微分信号 v_2。通过 SM-ESO 环节给出实际转速的跟踪值 x_1 和跟踪微分 x_2,以及系统扰动 $\hat{a}_2(t)$ 的实时作用量的估计值 z_3,将以上几个参数组合成 $[f(x_1,x_2)+z_3]/b_2$ 函数,将此函数置于反馈环之中,构成一个具有自动补偿系统扰动的反馈结构。

在控制系统中,交轴电压补偿控制量为 $u_q(t)=u_{q0}(t)-[f(x_1,x_2)+z_3]/b_2=u_q^*$,其中 $u_{q0}(t)$ 为运行过程中 u_q 的控制量。

SM-NLSEF 环节用转速状态误差 $e_{\omega 1}, e_{\omega_2}, e_{\omega 0}$ 的非线性状态反馈，将电机非线性控制系统转化为积分串联型的线性控制系统，从而确定转速跟踪设定值的控制量，实现基于滑模自抗扰结构的闭环控制。

6.2.2 三阶滑模扩张状态观测器设计

结合电机速度电流控制器的特点，解析 ESO 的内部控制结构，设计三阶 SM-ESO 电机扰动观测系统，其具体形式为

$$\begin{cases} \sigma_{\omega 1} = x_1 - \omega \\ \dot{x}_1 = x_2 - g_1(x_1 - \omega) \\ \dot{x}_2 = z_3 - g_2(x_1 - \omega) + b_2 u_q^*(t) \\ \dot{z}_3 = -g_3(x_1 - \omega) \end{cases} \tag{6-9}$$

改写为

$$\begin{cases} \sigma_{\omega 1} = x_1 - \omega \\ \dot{x}_1 = x_2 - g_1(\sigma_{\omega 1}) \\ \dot{x}_2 = z_3 - g_2(\sigma_{\omega 1}) + b_2 u_q^*(t) \\ \dot{z}_3 = -g_3(\sigma_{\omega 1}) \end{cases} \tag{6-10}$$

由上式可知，对于电机扰动观测系统而言，只要合理选择函数 $g_1(\sigma_{\omega 1}), g_2(\sigma_{\omega 1}), g_3(\sigma_{\omega 1})$，就能实现实时观测。式(6-10)做等价推导变换得

$$\begin{cases} \sigma_{\omega 1} = x_1 - \omega \\ \dot{x}_1 = x_2 \\ \dot{x}_2 = z_3 + b_2 u_q^*(t) \\ \dot{z}_3 = -g_3(\sigma_{\omega 1}) - g_2^{(1)}(\sigma_{\omega 1}) - g_1^{(2)}(\sigma_{\omega 1}) \end{cases} \tag{6-11}$$

在转速调节系统式(6-8)中，令转速跟踪二阶微分信号 $\dot{x}_2 = f(x_1, x_2) = \hat{a}_2(t)$，且 $\hat{a}_2(t) = a_0(t)$。为使电机扰动控制在有界范围内，须满足 $a_0(t) \leqslant A$，因此得

$$\begin{cases} \sigma_{\omega 1} = x_1 - \omega \\ \sigma_{\omega 2} = x_2 - \dot{x}_1 \\ \sigma_{\omega 3} = z_3 - f(x_1, x_2) \\ g(\sigma_\omega) = -g_3(\sigma_{\omega 1}) - g_2^{(1)}(\sigma_{\omega 1}) - g_1^{(2)}(\sigma_{\omega 1}) \end{cases} \quad (6\text{-}12)$$

联立方程(6-6)(6-8)(6-10)(6-11)可推导得出三阶滑模变结构 ESO 的最终简化形式

$$\begin{cases} \dot{\sigma}_{\omega 1} = \dot{\sigma}_{\omega 2} \\ \dot{\sigma}_{\omega 2} = \dot{\sigma}_{\omega 3} \\ \dot{\sigma}_{\omega 3} = g(\sigma_\omega) - a_0(t) \end{cases} \quad (6\text{-}13)$$

为使式(6-13)所描述的滑模变结构 ESO 系统稳定,需要选取合适的最优控制函数 $g(\sigma_\omega)$,这同时可以保证转速调节系统的稳定性。因此,为 SM-ESO 系统设计滑模切换向量函数

$$s(t) = c_1 \cdot \sigma_{\omega 1}(t) + c_2 \cdot \sigma_{\omega 2}(t) + \sigma_{\omega 3}(t) \quad (6\text{-}14)$$

根据 Hurwitz 稳定判据,用 p 表示拉普拉斯算子,适当选取多项式 $p^3 + c_2 p^2 + c_1 p + 1$ 中常数 c_1, c_2 的值,使 SM-ESO 系统满足稳定条件,且具有较大的稳定裕度。设定函数 $g(\sigma_\omega)$ 的表达式为

$$g(\sigma_\omega) = -c_1 \cdot \sigma_{\omega 2}(t) - c_2 \cdot \sigma_{\omega 3}(t) - k_1 \cdot \text{sign}[s(t)] \quad (6\text{-}15)$$

式中:k_1 为可调参数,表示滑模切换向量函数增益;$\text{sign}(\cdot)$ 是开关符号函数,其具体函数表达为

$$\text{sign}(t) = \begin{cases} 1, & t \geq 0 \\ 0, & t < 0 \end{cases} \quad (6\text{-}16)$$

系统稳定性的证明过程如下:

对 $s(t)$ 求导数,将式(6-13)代入上式,可得滑模切换向量函数 $s(t)$ 的导数为

$$\dot{s}(t) = c_1 \cdot \sigma_{\omega 2}(t) + c_2 \cdot \sigma_{\omega 3}(t) + g(\sigma_\omega) - a_0(t) \quad (6\text{-}17)$$

联立方程(6-14)(6-15)(6-17)可推导得出

$$\begin{aligned} \dot{s}(t) &= c_1 \cdot \sigma_{\omega 2}(t) + c_2 \cdot \sigma_{\omega 3}(t) + g(\sigma_\omega) - a_0(t) \\ &= -k_1 \text{sign}[s(t)] - a_0(t) \end{aligned}$$

$$\begin{aligned}
s(t)\dot{s}(t) &= s(t)\{-k_1\text{sign}[s(t)]-a_0(t)\} \\
&= -k_1|s(t)|-s(t)a_0(t)\le A|s(t)|-k_1|s(t)| \\
&= (A-k_1)|s(t)|
\end{aligned} \tag{6-18}$$

滑模切换向量函数增益 k_1 的值对于系统稳定运行作用很大，分析式(6-18)，调整合适的 k_1 值：当可调参数 $k_1>A$ 时，能够保证 $\dot{V}(x)=\dfrac{1}{2}\dfrac{\text{d}}{\text{d}t}[s^2(t)]=s(t)\dot{s}(t)\le 0$，根据李雅普诺夫稳定条件，系统中滑模切换向量函数 $s(t)$ 能在一定时间内趋于零，系统最终能够稳定、快速地达到平衡点。但是控制过程中仍然存在抖振，为了削弱它的影响，采用趋近律方法使控制量连续化，用继电特性函数 $N_1(s)$ 替代式(6-15)中的开关符号函数 $\text{sign}(\cdot)$，使得常规滑模控制器的不连续性变为可连续性。继电特性函数表达式为

$$N_1(x)=\frac{s}{|s|+\delta_1} \tag{6-19}$$

式中：δ_1 为可调参数，它是正值常数且很小。

由此，得到调速系统最终的三阶 SM-ESO 控制方程为

$$\begin{cases}
\sigma_{\omega 1}=x_1-\omega \\
\dot{x}_1=x_2 \\
\dot{x}_2=z_3+b_2u_q^*(t) \\
z_3=-c_1(x_2-\dot{x}_1)-c_2[z_3-f(x_1,x_2)]-k_1N_1(s)
\end{cases} \tag{6-20}$$

6.2.3 速度控制器设计

线性 TD、非线性 TD 和最速离散 TD 是速度控制器 TD 的三种主要表示形式。按照上节的分析结果，由速度控制器 TD 得到的微分函数不仅具有惯性，而且对输入的动态特性具有良好、快速的跟随性，在合适的范围内增大速度因子可以更快地逼近输入信号，但若过分增大，则会使滤波作用减弱，对线性 TD 并不适合；如果是非线性 TD，则会获得有效的输入信号与其微分，收敛性比线性 TD 更好，滤波性能更强。而最速离散 TD 的方程形式是离散的，即

$$v_1(t+1) = v_1(t) + hv_2(t)$$
$$v_2(t+1) = v_2(t) + hu, |u| \leqslant r \tag{6-21}$$

对于控制函数 u，给定转速 ω^* 的跟踪信号用电机速度控制系统中的 v_1 表示，v_1 的微分信号用 v_2 表示，并采用最速控制综合函数 $\text{fhan}(v_1, v_2, r, h)$ 表示它们的关系。

电机速度控制系统的二阶最速 TD 最终可设定为新的离散形式：

$$v_1(t+1) = v_1(t) + hv_2(t)$$
$$v_2(t+1) = v_2(t) + h \cdot \text{fhan}\left[v_1(t) - \omega^*(t), v_2(t), h_0\right] \tag{6-22}$$

式中：h_0 是滤波因子，其值大于步长 h。若要系统具有良好的滤波效果，能精准地滤除噪声信号，必须适当选取 h_0 的值。另外，参数 r 值的大小可以根据 $\text{fhan}(v_1, v_2, r, h)$ 函数的取值进行调整，从而控制收敛的速度，使得自抗扰控制系统能够缓解电机超调量与动态响应之间的矛盾，控制噪声的影响，使其与线性 TD 相比具有更好的跟踪性能。

6.2.4　二阶滑模非线性状态误差反馈控制律设计

对于电机给定转速 ω^*，v_1 跟踪输入信号 ω^*，v_2 是 v_1 的微分。x_1 和 x_2 可以很好地跟踪实际转速 ω 及 $\bar\omega$，因此，电机反馈与给定转速间的误差 $e_{\omega 1} = v_1 - x_1$ 和 $e_{\omega 2} = v_2 - x_2$，即为转速给定 ω^* 的状态误差。

因为 $\dot{v}_1 = v_2, \dot{x}_1 = x_2$，则有

$$\begin{cases} \dot{e}_{\omega 1} = e_{\omega 2} \\ \dot{e}_{\omega 2} = u_{q_0}(t) \\ u_q^*(t) = u_{q0}(t) - \left[z_3 + f(x_1, x_2)\right]/b_2 \end{cases} \tag{6-23}$$

同理，采用与三阶 SM-ESO 相同的设计方法，NLSEF 环节的控制通过误差的非线性特性来实现，运用 SMC 控制函数将控制量设计为

$$u_{q0}(t) = c_1 e_{\omega 2}(t) + k_2 N_2(s) \tag{6-24}$$

式中：k_2 为可调参数。

仍然通过继电特性函数 $N_2(s)$ 实现控制量连续化,其描述函数为

$$N_2(x) = \frac{s}{|s| + \delta_2} \tag{6-25}$$

式中:δ_2 是数值较小的正常数。滑模面的选取、常数 c_1 值的确定和稳定性分析等均与之前相同。此处,仍定义转速反馈信号 ω 与转速给定信号 ω^* 之差为转速误差,这样,在确保实时交轴电压控制量 $u_{q0}(t)$ 得到精确控制的同时,也使给定交轴电压值 $u_q^*(t)$ 的跟踪信号更加精确,保证电机速度控制系统能够稳定运行。

SM-ADRC 调速系统最终的二阶 SM-NLSEF 控制方程为

$$\begin{cases} \dot{e}_{\omega 1} = e_{\omega 2} \\ \dot{e}_{\omega 2} = c_1 e_{\omega 2} + k_2 N_2(s) \\ u_q^*(t) = c_1 e_{\omega 2} + k_2 N_2(s) - [z_3 + f(x_1, x_2)]/b_2 \end{cases} \tag{6-26}$$

综合以上分析可知,对于自抗扰控制系统的优化设计,最重要的部分在改进后的 SM-ADRC 系统中,SM-NLSEF 环节可调参数和 SM-ESO 环节可调参数都缩减为两个,分别为 $\{k_1, \delta_1\}$ 和 $\{k_2, \delta_2\}$。

与改进前典型的自抗扰控制器相比,改进后的 SM-ADRC 系统可调参数明显减少,并且可调参数不受被控系统阶次的影响,从而使得参数整定过程更加简单,也使 SM-ADRC 控制方法在面装式永磁同步电机矢量调速系统中的动态调速性能得到更好的优化。

6.3 滑模自抗扰矢量控制系统

图 6.3 所示为永磁同步电机滑模自抗扰控制系统框图。图 6.4 所示为滑模自抗扰控制系统框图。

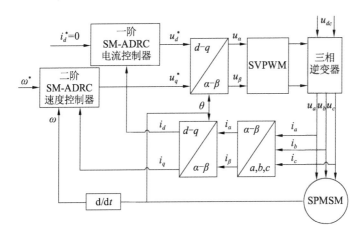

图 6.3　永磁同步电机滑模自抗扰控制系统框图

从两幅图中可以看出,系统通过一阶和二阶最速 TD 安排过渡过程,给出转速值的微分信号和电流值的微分信号,使得系统无超调且响应迅速;通过二阶和三阶 SM-ESO 作用,在获得各状态变量观测值的同时,对于定子电阻、电感变化带来的扰动、转动惯量及负载扰动等外部未知扰动,均可获得观测值;通过一阶和二阶 SM-NLSEF 环节,使得滑模自抗扰控制器得到最优控制,不但可以补偿各种扰动,还能在宽范围内提高面装式永磁同步电机速度控制系统的稳态精度和动态性能。

图 6.4 所示系统,速度作为外环,电流作为内环,为典型的双闭环矢量控制系统,该系统采用 $i_d = 0$ 的控制方式。速度电流环是将速度环、交轴电流环综合在一起形成的二阶滑模自抗扰控制器;直轴电流环也应用改进型的调节器,构成一阶滑模自抗扰电流控制器。

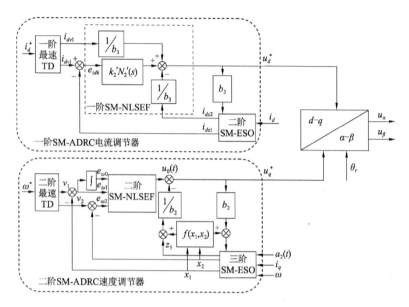

图 6.4 滑模自抗扰控制系统结构框图

6.4 引入加权系数的高低速复合观测方法

前几章分别分析了采用脉振高频电压注入法和滑模自抗扰方法的无传感器面装式永磁同步电机转子位置检测技术。它们的优点在于能准确预估位置信号,但是,若要实现宽范围调速且平稳运行,还需要将两种方法结合起来使用。本书的研究提出转子复合位置检测方法,综合考虑了两种方法的优点,具有较强的理论意义。

通过前面的分析可知,零速和低速的情况下,采用高频信号注入法实现面装式永磁同步电机无速度传感器控制时,对外界干扰的鲁棒性较强,转子速度和位置能够准确有效地被检测出来,这是该方法的优势所在。但它也存在一定的缺陷:高频谐波的注入会导致转矩脉动,严重时会损害电机;采用多个滤波器实施噪声消除时,转子位置和速度也会产生滞后,动态响应差。在高速运行时,该方法的缺点更加明显,实时跟踪性变差,在负载变化的情况下,会导致跟踪失败,故在高速时需要改用动态响应更好的位置和速度检测方法。第 4 章和第 5 章研究的高速运行无速度传感器控制方法稳定性强,响应迅速,系统鲁棒性好,但是两种方法均基于电机模型,当电机处于零速和低速时,不能准确估算转子位置。

要使面装式永磁同步电机在全速范围内能够稳定工作,建立包括零速的宽范围电机转子位置检测和无传感器运行控制系统,必须采用复合转子位置检测法。因此,本书把高频脉振电压注入法和 SM-ADRC 方法相结合,通过优势互补,提出一种复合辨识方法。即在零速和低速时采用 HFPVI 方法,对转子位置进行预估,保证零速及低速时转子位置和速度的检测精度,以及低速系统的稳定运行;在高速时采用 SM-ADRC 方法检测转子位置,保证系统在中高速段的稳定运行。

要将两种不同运行条件下的控制方法结合起来,首先要解决的问题就是如何实现两种方法的平稳切换并保证系统的可靠性。在实际应用中,比较简单的方法是设定切换速度,即当速度达到某一值时瞬时开关动作,也就是速度没有达到切换值时以脉振高频电压信号注入法工作,速度高于设定的切换值时切断高频电压信号,接入高速时适合的工作方法。这种切换方法控制简单,但切换瞬间会出现位置、速度信号的跳变,产生振荡现象,使得系统运行不稳定。因此,为了能在两种方法之间平滑切换,需要研究更合适的应用方法。

低速和高速时两种控制方法的运行特点和适用范围有所不同,若要在两种方法之间实现平滑的切换,确定转速最佳切换区间是关键,转速切换区间的下限应该高于滑模自抗扰法能可靠工作的最低转速,而上限应该低于脉振高频信号注入法能自启动的最高转速。同时,为了避免发生跳变现象,在转速切换区间内,两种方法必须有相近的转速与位置估算误差。

本书采用速度切换区间法实现高低速的平滑转换,在速度切换区间内,预估速度由加权算法合成,加权系数 ξ 的取值如图 6.5

所示。$\hat{\omega}_{rl}$ 和 $\hat{\omega}_{rh}$ 分别为速度切换区间的上下限,其取值和电机系统的期望精度有关。为了实现两种方法的平滑转换,系统设定在速度切换区间内,对高速运行和低速运行估算出的位置和转速分别进行加权计算,速度与角度预估原理框图如图6.6所示。

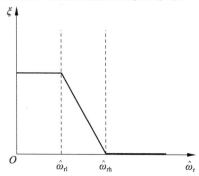

图 6.5 加权系数 ξ 的取值

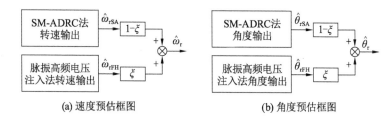

(a) 速度预估框图   (b) 角度预估框图

图 6.6 速度和角度预估原理框图

随着电机转速的提升,脉振高频电压注入法权重由 1 到 0 变化,SM-ADRC 算法位置权重由 0 到 1 变化,在速度切换区间采用以下公式确定转子转速和位置估算值。

预估速度:

$$\hat{\omega}_r = \xi\hat{\omega}_{rFH} + (1-\xi)\hat{\omega}_{rSA} \tag{6-27}$$

预估角度:

$$\hat{\theta}_r = \xi\hat{\theta}_{rFH} + (1-\xi)\hat{\theta}_{rSA} \tag{6-28}$$

式中:ξ 为速度加权系数;$\hat{\omega}_{rFH}$,$\hat{\omega}_{rSA}$ 分别为采用脉振高频电压注入法和 SM-ADRC 法的预估速度;$\hat{\theta}_{rFH}$,$\hat{\theta}_{rSA}$ 分别为采用脉振高频电压

注入法和 SM-ADRC 法的预估角度。

其中

$$\xi = \begin{cases} 1, & \hat{\omega}_r < \hat{\omega}_{rl} \\ -\dfrac{\hat{\omega}_r - \hat{\omega}_{rh}}{\hat{\omega}_{rh} - \hat{\omega}_{rl}}, & \hat{\omega}_{rl} < \hat{\omega}_r < \hat{\omega}_{rh} \\ 0, & \hat{\omega}_r > \hat{\omega}_{rh} \end{cases} \qquad (6\text{-}29)$$

当转速低于速度切换区的下限 $\hat{\omega}_{rl}$ 时,磁极位置检测完全基于 HFPVI 方法实现,SM-ADRC 方法不起作用;当转速高于速度切换区的上限 $\hat{\omega}_{rh}$ 时,磁极位置检测完全依靠 SM-ADRC 方法实现,高频注入法不再起任何作用。

为了验证上文构建的低速运行 HFPVI 法和高速运行 SM-AD-RC 法的复合观测器方法的准确度,针对面装式永磁同步电机在全速度范围内建立矢量控制系统,并对其进行仿真研究。

6.5　宽转速范围矢量控制系统

6.5.1　中高速滑模自抗扰控制系统

为了验证基于滑模自抗扰控制器的永磁同步电机控制系统的优越性能,在 Matlab/Simulink 中搭建仿真模型,分别通过典型的自抗扰(ADRC)和滑模自抗扰(SM-ADRC)控制策略对面装式永磁同步电机进行控制,相关参数如下(电机参数与表 2.1 相同)。

经反复调试并整定控制器各个参数,在速度电流环中,最速 TD 中的参数确定后保持不变:$r = 2\ 000, h_0 = 0.1, h = 0.01$;SM-ESO 中的参数:$\delta_1 = 0.05, k_1 = 35$;SM-NLSEF 中的参数:$\delta_2 = 0.025, k_2 = 25$;$d$ 轴电流环参数:$r_1 = 1\ 300, h_1 = 0.1, \delta_1' = 0.03, k_1' = 10, k_2' = 5$。

图 6.7 所示是系统在给定转速为 50 r/min 的情况下,在 0.8 s 时突加 5 N·m 负载转矩时转速和转子位置曲线图,以及转速误差波形图。

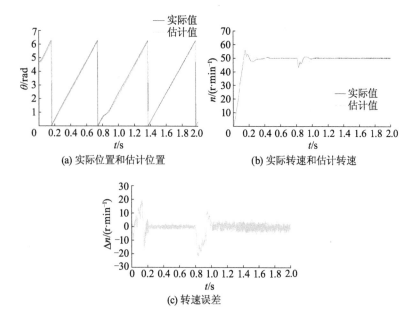

(a) 实际位置和估计位置　　　　(b) 实际转速和估计转速

(c) 转速误差

图 6.7　转速为 50 r/min,在 0.8 s 时突加 5 N·m
负载转矩时转子位置、转速曲线与转速误差波形

从图中可以看出,转速为 50 r/min 时,转子的估计位置与实际位置基本一致,转速能实时跟踪给定转速;转速误差在启动和突加负载时误差较大,稳定运行后转速波动大约在 5 r/min。由此可见,基于滑模自抗扰的控制系统,电机响应速度快,超调量和转矩脉动更小,具有更强的鲁棒性。

图 6.8 所示是系统在给定转速为 500 r/min 的情况下,空载启动时的转速、转子位置曲线与转速误差波形。由图 6.8 分析可知,SM-ADRC(滑模自抗扰)系统采用 SM-ESO 估计受控对象状态变量,从而设计出合理的 SM-NLSEF,对"内扰和外扰"的实时作用量给予充分的补偿,正因为如此,位置跟踪效果明显好于传统 ADRC,转速误差最大在 8 r/min,稳定运行时转速波动在 1 r/min 之内。

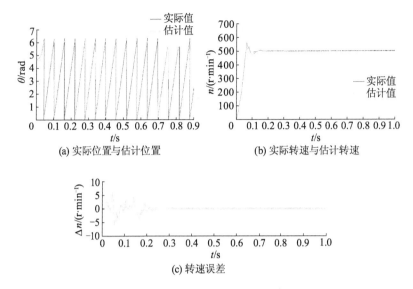

(a) 实际位置与估计位置　　　　(b) 实际转速与估计转速

(c) 转速误差

图 6.8　转速为 500 r/min 时 SM-ADRC 观测器转子位置、
转速曲线与转速误差波形

图 6.9 所示是系统在给定转速为 3 000 r/min 的情况下,转速、转子位置曲线与转速误差波形。通过与改进型 ADRC 比较可得,SM-ADRC 将滑模控制和 ADRC 控制相结合,既减少了可调参数,又发挥了滑模控制不受对象参数及扰动影响的优势,使得系统在 3000 r/min 持续工作时稳态精度高,位置跟踪偏差小于 10 rad,转速误差最大不超过 7 r/min,稳定运行时转速波动在 1 r/min 之内。由此可见,SM-ADRC 方法增强了系统的鲁棒性,可保证系统稳定、可靠地运行。但同时也可以看到,转速较低时转子位置辨识出现明显延时现象,偏差较大,启动偏差在 50 rad 左右,启动转速跟踪性也较差,因此,有必要采用转子位置复合观测器解决上述问题。

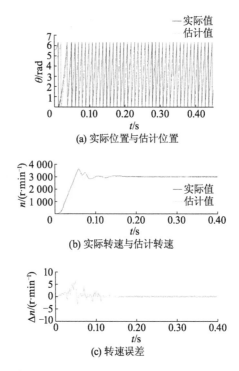

图 6.9   转速为 3 000 r/min 时 SM-ADRC 观测器转子位置、
转速曲线与转速误差波形

6.5.2   复合观测器转子位置辨识矢量控制

为了检验复合观测器估计算法的正确性,建立了面装式永磁同步电机宽范围无传感器矢量控制系统仿真模型,如图 6.10 所示。与前几章分析的模型相比,该模型增加了复合控制模块,如图 6.11 所示,仿真参数同前。设定速度切换区间上限为 400 r/min,下限为 300 r/min。因此,高低速方法切换区间的速度范围为 300 r/min 到 400 r/min。

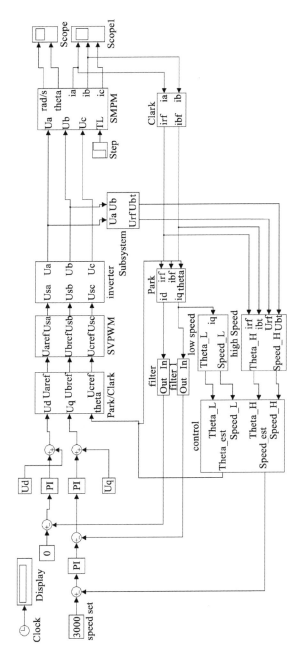

图 6.10　基于滑模自抗扰复合控制方法的面装式永磁同步电机无传感器矢量控制系统仿真模型

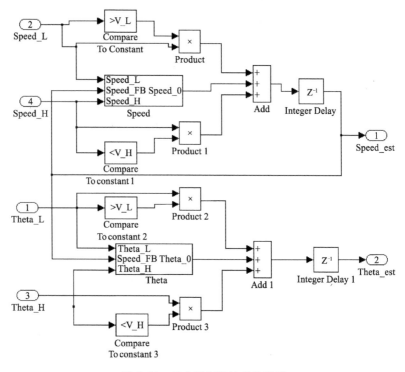

图 6.11　复合控制模块仿真模型

　　图 6.12 所示为复合控制模式下全速度范围内的仿真波形。其中,图 6.12 a 为转子位置波形,可以看出,电机可以平稳启动并最终稳定运行,转子估算位置可实时跟踪转子实际位置,误差不超过 5 rad。图 6.12 b 为转速波形,可以看出,启动时实际转速滞后于估算转速,启动时间在 0.15 s 左右。由图 6.12 c 可以看出,转速最大误差不超过 3 r/min,转速稳态波动小于 1 r/min。与图 6.9 比较可知,采用复合观测器估算转子位置,无论在低速还是在高速时误差都明显减小。由此可见,本书所设计的面装式永磁同步电机无传感器矢量控制系统能够在全速度范围内很好地跟踪转子磁极位置。

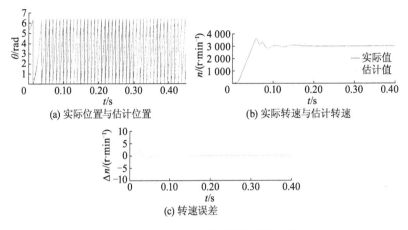

(a) 实际位置与估计位置　　　(b) 实际转速与估计转速

(c) 转速误差

图 6.12　全速度范围无传感器控制的仿真波形

为了进一步验证复合观测器在全速度范围无传感器控制系统速度变化时的性能,特开展了速度由 1 500 r/min 变化到−1 500 r/min 的正反转仿真研究,仿真波形如图 6.13 所示。

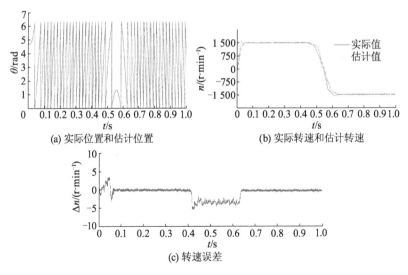

(a) 实际位置和估计位置　　　(b) 实际转速和估计转速

(c) 转速误差

图 6.13　复合控制正反转仿真波形

6.13 a 所示为转速给定值突变时对应的位置角度估计值变化过

程,图 6.13 b 所示为转速给定值突变时转子转速变化过程。从图中可以看出,转速于 0.45 s 开始从 1 500 r/min 变化到-1 500 r/min,在转速变化过程中,复合观测器可以实现转子速度和位置的准确检测。在启动和反转的动态过程中,转速最大误差不超过 5 r/min,稳态运行时转速波动在 1 r/min 以内。可见,本书设计的复合观测器保证了全速度范围内的平滑过渡,系统运行稳定,不会出现失调现象,满足全速范围内无传感器控制的要求。

6.6 小结

本章首先提出滑模自抗扰复合控制策略,它不仅能够提高系统性能,而且解决了许多典型控制技术存在的问题。然后通过仿真,验证了该控制策略的可行性和有效性。最后,结合低速的脉振高频电压注入法和高速的滑模自抗扰控制方法,构建了全速度范围内转子磁极位置检测矢量控制系统。

参考文献

［1］潘萍,付子义,刘辉,等.永磁同步电机无传感器控制技术研究现状与控制策略综述［J］.工矿自动化,2007(3):29-31.

［2］胡耀华.永磁同步电机伺服系统控制策略的研究［D］.南京:南京航空航天大学,2013.

［3］CÁRDENAS R,PEÑA R. Sensorless vector control of induction machines for variable-speed wind energy applications［J］. IEEE Transactions on Energy Conversion,2004,19(1):196-205.

［4］黄声华,吴芳.永磁交流伺服系统国内外发展概况［J］.微特电机,2008(5):52-56.

［5］郑泽东,李永东.永磁同步电机控制系统综述［J］.伺服控制,2009(2):22,24-26.

［6］龙洪宇,程小华.永磁同步电动机控制策略综述［J］.防爆电机,2010,45(6):1-3,8.

［7］管立斌,牛晋军,郝思忠,等.利用混合稀土制备稀土永磁体的工艺研究［J］.中国材料进展,2009,28(3):51-53.

［8］王晓明,史文祥,刘英,等.永磁体充磁磁场分布的控制方法［J］.微特电机,2004(3):3-6.

［9］孙晓东,朱熿秋,杨泽斌.无轴承永磁同步电机技术综述及其发展趋势探讨［J］.中国机械工程,2012,23(17):2128-2135.

［10］齐放.永磁同步电机无速度传感器技术的研究［D］.南京:南京航空航天大学,2007.

［11］王礼鹏,张化光,刘秀翀.永磁同步电机无速度传感器矢量调

速系统的积分反步控制[J].控制理论与应用,2012,29(2):119-204.

[12] 王成元,夏加宽,孙宜标.现代电机控制技术[M].北京:机械工业出版社,2009.

[13] 唐任远,等.现代永磁电机理论与设计[M].北京:机械工业出版社,2016.

[14] 赵光宙,黄雷.交流传动的无速度传感器技术综述[J].电气应用,2008,27(4):20-26.

[15] 孙丹.高性能永磁同步电机直接转矩控制[D].杭州:浙江大学,2004.

[16] 李夙.异步电动机直接转矩控制[M].北京:机械工业出版社,1999.

[17] FAIZ J,SHARIFIAN M B B,KEYHANI A,et al. Sensorless direct torque control of induction motors used in electric vehicle [J]. IEEE Transactions on Energy Conversion,2003,18(1):1-10.

[18] 李冉.永磁同步电机无位置传感器运行控制技术研究[D].杭州:浙江大学,2012.

[19] SHYU K K,SHANG L J,CHEN H Z. Flux compensated direct torque control of induction motor drives for low speed operation [J]. IEEE Transaction on Power Electronic,2004,19(6):1608-1613.

[20] 李君,李毓洲.无速度传感器永磁同步电机的SVM-DTC控制[J].中国电机工程学报,2007,27(36):28-34.

[21] 卢达.永磁同步电机调速系统控制策略研究[D].杭州:浙江大学,2013.

[22] LI D S,SUZUKI T,SAKAMOTO K,et al. Sensorless control and PMSM drive system for compressor applications [C]. Power Electronics and Motion Control Conference,2006:1-5.

[23] 李永东,朱昊.永磁同步电机无速度传感器控制综述[J].电

气传动,2009,39(9):3-5.

[24] 侯利民.永磁同步电机传动系统的几类非线性控制策略研究及其调速系统的实现[D].沈阳:东北大学,2010.

[25] 谷善茂,何凤有,谭国俊,等.永磁同步电动机无传感器控制技术现状与发展[J].电工技术学报,2009,24(11):14-20.

[26] NAIDU M,BOSE B K. Rotor position estimation scheme of a permanent magnet synchronous machine for high performance variable speed drive[J]. IEEE IAS Annual Meeting,1992(1):48-53.

[27] 田明秀,王丽梅,郑建芬.永磁同步电机无速度传感器转速和位置控制方案[J]. 沈阳工业大学学报,2005,27(5):518-521.

[28] 李洁,钟彦儒.异步电机无速度传感器控制技术研究现状与展望[J].电力电子,2007(5):3-11.

[29] BATZEL T D,LEE K Y. Electric propulsion with the sensorless permanent magnet synchronous motor:model and approach[J]. IEEE Transactions on Energy Conversion,2005,20(4):818-825.

[30] VERMA V,CHAKRABORTY C,MAITI S,et al. Speed sensorless vector controlled induction motor drive using single current sensor[J]. IEEE Transactions on Energy Conversion,2013,28(4):938-950.

[31] FRENCH C,ACAMLEY P. Direct torque control of permanent magnet drives[J]. IEEE Transction on Industry Applications,1996,32(5):1080-1088.

[32] ERTUGRU N,ACARNLEY P. A new algorithm for sensorless operation of permanent magnet motors[J]. IEEE Transactions on Industry Application,1994,30(1):126-133.

[33] 吴茂,刘铁湘.空间矢量脉宽调制技术研究[J].现代电子技术,2006(8):127-128,131.

[34] 刘军.永磁电动机控制系统若干问题的研究[D].上海:华东

理工大学,2010.

[35] 陈广辉,曾敏,魏良红.无位置传感器永磁同步电动机矢量控制系统综述[J].微特电机,2011(12):64-67.

[36] 梁艳,李永东.无传感器永磁同步电机矢量控制系统概述[J].电气传动,2003(4):4-9.

[37] 田亚菲,何继爱,黄智武.电压空间矢量脉宽调制(SVPWM)算法仿真实现及分析[J].电力系统及其自动化学报,2004,16(4):68-71.

[38] 文小玲,易先军.空间矢量脉宽调制原理及算法分析[J].武汉工程大学学报,2007,29(2):63-67.

[39] 郭清风,杨贵杰,晏鹏飞.SMO 在无位置传感器 PMSM 驱动控制系统的应用[J].电机与控制学报,2007,11(4):354-358.

[40] SATHEESH G,REDDY T B,BABU C S. SVPWM based DTC of OEWIM drive fed with four level inverter with asymmetrical DC link voltages [J]. International Journal of Soft Computing and Engineering,2013,3(1):64-68.

[41] HAN Y S,CHOI J S, KIM Y S. Sensorless PMSM drive with a sliding mode control based adaptive speed and a stator resistance estimator[J]. IEEE Transaction on Magnetics, 2000, 36(5):3588-3591.

[42] 苏健勇,李铁才,杨贵杰.PMSM 无位置传感器控制中数字滑模观测器抖振现象分析与抑制[J].电工技术学报,2009,24(8):58-64.

[43] QIAO Z W, SHI T N, WANG Y D, et al. New sliding-mode observer for position sensorless control of permanent-magnet synchronous motor[J]. IEEE Transaction on Industrial Electronics,2013,60(2):710-719.

[44] PAPONPEN K,KONGHIRUN M. An improved sliding mode observer for speed sensorless vector control drive of PMSM[C]. IEEE International Power Electronic & Motion Control Confer-

ence,2006:407-412.

[45] LAI C K,SHYU K K. A novel motor drive design for incremental
motion system via sliding-mode control method[J]. IEEE Trans-
action on Industrial Electronics,2005(2):499-507.

[46] BERNARDES T,MONTAGNER V F,GRÜNDLING H A,et al.
Discrete-time sliding mode observer for sensorless vector control
of permanent magnet synchronous machine[J]. IEEE Transac-
tions on Industrial Electronics,2014,61(4):1679-1691.

[47] GENNARO S D, DOMINGUEZ J R, MEZA M A. Sensorless
high order sliding mode control of induction motors with core loss
[J]. IEEE Transactions on Industrial Electronics,2014,61(6):
2678-2689.

[48] 李永东,李明才.感应电机高性能无速度传感器控制系统:回
顾、现状与展望[J].电气传动,2004(1):4-9.

[49] 高志强.自抗扰控制思想探究[J].控制理论与应用,2013,30
(12):1498-1510.

[50] 韩京清.自抗扰控制技术[J].前沿科学,2007(1):24-31.

[51] 韩京清.自抗扰控制器及其应用[J].控制与决策,1998,13
(1):19-23.

[52] 夏长亮,李正军,杨荣,等.基于自抗扰控制器的无刷直流电
机控制系统[J].中国电机工程学报,2005,25(2):82-86.

[53] 苏位峰,孙旭东,李发海.基于自抗扰控制器的异步电机矢量控制
[J].清华大学学报(自然科学版),2004,44(10):1329-1332.

[54] 冯光,黄立培,朱东起.采用自抗扰控制器的高性能异步电机
调速系统[J].中国电机工程学报,2001,21(10):55-58.

[55] 刘志刚,李世华.基于永磁同步电机模型辨识与补偿的自抗
扰控制器[J].中国电机工程学报,2008,28(24):118-123.

[56] HERBST G. A simulative study on active disturbance rejection
control (ADRC) as a control tool for practitioners[J]. Electron-
ics,2013(2):246-279.

［57］SU Y X,ZHENG C H,DUAN B Y. Automatic disturbances rejection controller for precise motion control of permanent-magnet synchronous motors［J］. IEEE Transactions on Industrial Electronics,2005,52(3):814-823.

［58］孙凯,许镇琳,邹积勇,等.基于自抗扰控制器的永磁同步电机速度估计［J］.系统仿真学报,2007,19(3):582-584.

［59］韩京清.自抗扰控制技术:估计补偿不确定因素的控制技术［M］.北京:国防工业出版社,2008.

［60］朱昊,肖曦,李永东.高频信号注入法永磁同步电机无速度传感器控制信号处理简化方法［C］.第三届中国高校电力电子与电力传动学术年会,2009.

［61］JEONG Y S,LORENZ R D,JAHNS T M,et al. Initial rotor position estimation of an interior permanent magnet synchronous machine using carrier-frequency injection methods［J］. IEEE Transactions on Industry Applications, 2005,41(1):38-45.

［62］刘颖,周波,李帅,等.转子磁钢表贴式永磁同步电机转子初始位置检测［J］.中国电机工程学报,2011,31(18):48-54.

［63］刘颖,周波,冯瑛,等.基于脉振高频电流注入 SPMSM 低速无位置传感器控制［J］.电工技术学报,2012,27(7):139-145.

［64］林滨.基于高频注入法的无位置传感器永磁同步电动机调速系统［D］. 鞍山:辽宁科技大学,2011.

［65］高健伟.基于高频注入法的永磁同步电机转子位置估计误差的分析［D］.济南:山东大学,2012.

［66］叶云岳,范承志,卢琴芬,等.直驱式高效节能复式永磁电机的研发与应用［J］.电机与控制应用,2010,37(1):1-3.

［67］付兴贺,邹继斌,齐文娟.混合励磁同步发电机电压控制原理分析与实现［J］.西南交通大学学报,2010,45(1):99-103.

［68］李华德,李擎,白晶.电力拖动自动控制系统［M］.北京:机械工业出版社,2009.

［69］陈伯时,陈敏逊.交流调速系统［M］.北京:机械工业出版

社,2013.

[70] 朱儒.永磁同步电机矢量控制算法的设计与实现[D].合肥:
中国科学技术大学,2014.

[71] 李敏.电梯系统变频变压调速技术研究[J].机电信息,2013
(15):121-122.

[72] 张金利,张玉瑞,税冬东,等.永磁同步电机变频调速系统建
模与仿真[J].电力电子技术,2008,42(2):67-69.

[73] LIANG W Y,WANG J F,LUK P C K, et al. Analytical model-
ing of current harmonic components in PMSM drive With voltage-
source inverter by SVPWM technique [J]. IEEE Transactions on
Energy Conversion,2014,29(3):673-680.

[74] 张春喜,廖文建,王佳子.异步电机 SVPWM 矢量控制仿真分
析[J].电机与控制学报,2008,12(2):160-163,168.

[75] 冯晓云.电力牵引交流传动及其控制系统[M].北京:高等教
育出版社,2009.

[76] 阮毅,陈维钧.运动控制系统[M].北京:清华大学出版
社,2009.

[77] 叶生文,谷善茂,李广超,等.基于高频注入法的永磁同步电
动机无传感器矢量控制[J].工矿自动化,2010(1):44-47.

[78] UDDIN M N,RADWAN T S,RAHMAN M A. Performance of in-
terior permanent magnet motor drive over wide speed range[J].
IEEE Power Engineering Review Volume,2002,2(2):79-84.

[79] 史婷娜.低速大转矩永磁同步电机及其控制系统[D].天津:
天津大学,2009.

[80] 李敏,游林儒.基于高频电流注入的永磁同步电机转子位置
初始化方法[J]. 微电机,2010,43(9):66-69,108.

[81] 贾洪平,贺益康.基于高频注入法的永磁同步电动机转子初始
位置检测研究[J].中国电机工程学报,2007,27(15):15-20.

[82] 边石雷,曹云峰,蔡旭.永磁同步电机初始位置检测研究[J].
电力电子技术,2013,47(4):39-40.

［83］ BRIZ F,DEGNER M W,DIEZ A,et al. Measuring,modeling and decoupling of saturation-induced saliencies in carrier signal injection-based sensorless AC drives［J］. IEEE Transaction on Industry Application,2001,37(5):1356-1364.

［84］ CONEY M J,LORENZ R D. Rotor position and velocity estimation for a permanent magnet synchronous machine at standstill and high speeds［J］. IEEE Transaction on Industry Applications,1998,34(4):36-41.

［85］ 何栋炜,彭侠夫,蒋学程. 永磁同步电机模型预测控制的电流控制策略［J］. 哈尔滨工程大学学报,2013,34(12):1556-1565.

［86］ 秦峰,贺益康,刘毅,等. 两种高频信号注入法的无传感器运行研究［J］. 中国电机工程学报,2005,25(5):116-120.

［87］ 周晓敏,王长松,齐昕,等. 基于脉动高频信号注入的永磁同步电动机转子位置检测［J］. 微电机,2008,41(3):13-16.

［88］ 周晓敏,王长松,钟黎萍. 基于卡尔曼滤波和高频信号注入法的永磁同步电机转子位置自检测［J］. 北京科技大学学报,2008,30(7):815-819.

［89］ 童克文,张兴. 滑模变结构控制及应用［J］. 电气应用,2007,26(3):6-10.

［90］ 潘剑. 基于滑模变结构控制的永磁同步电机伺服系统［D］. 杭州:浙江大学,2008.

［91］ 冯瑛. 脉振高频电流注入永磁同步电机的低速无传感器矢量控制［D］. 南京:南京航空航天大学,2012.

［92］ 刘金琨,孙富春. 滑模变结构控制理论及其算法研究与进展［J］. 控制理论与应用,2007,24(3):407-418.

［93］ 李琳. 滑模变结构控制系统抖振抑制方法的研究［D］. 大连:大连理工大学,2006.

［94］ 鲁文其,胡育文,杜栩杨,等. 永磁同步电机新型滑模观测器无传感器矢量控制调速系统［J］. 中国电机工程学报,2010,30(33):78-83.

［95］ 刘文军,周龙,唐西胜,等.基于改进型滑模观测器的飞轮储
能系统控制方法[J].中国电机工程学报,2014,34(1):71-
78.

［96］ AYDOGMUS O,SÜNTER S. Implementation of EKF based
sensorless drive system using vector controlled PMSM fed by a
matrix converter[J]. International Journal of Electrical Power
& Energy Systems,2012,43(1):736-743.

［97］ 黄飞,皮佑国.基于滑模观测器的永磁同步电机无位置传感
器控制的研究[J].计算技术与自动化,2009,28(2):32-36.

［98］ 朱喜华,李颖晖,张敬.基于一种新型滑模观测器的永磁同步
电机无传感器控制[J].电力系统保护与控制,2010,38
(13):6-10.

［99］ 王颢雄,肖飞,马伟明,等.基于滑模观测器与SPLL的PMSG
无传感器控制[J].电机与控制学报,2011,15(1):49-54.

［100］ PAL M,BHAT M S. Discrete time second order sliding mode
observer for uncertain linear multi-output system[J]. Journal of
the Franklin Institute,2014(351):2143-2168.

［101］ 齐亮.基于滑模变结构方法的永磁电机控制问题研究及应
用[D].上海:华东理工大学,2013.

［102］ 林飞,杜欣.电力电子应用技术的MATLAB仿真[M].北京:
中国电力出版社,2009.

［103］ 宋丹,吴春华,孙承波,等.基于滑模观测器的永磁同步电机
控制系统研究[J].电力电子技术,2007,41(3):9-11.

［104］ 石晨曦.自抗扰控制及控制器参数整定方法的研究[D].无
锡:江南大学,2008.

［105］ 邵立伟,廖晓钟,张宇河,等.自抗扰控制在永磁同步电机无
速度传感器调速系统的应用[J].电工技术学报,2006,21
(6):35-39.

［106］ 孙毅.电动汽车用永磁同步电机自抗扰控制研究[D].长春:
吉林大学,2008.

［107］ XUE S G,SUN X Z. Application of active disturbance rejection controller in sensorless vector control system of PMSM ［J］. Applied Mechanics and Materials,2013(273):449-453.

［108］ 张立明.自抗扰控制技术在 AUV 航向控制中的应用［D］.哈尔滨:哈尔滨工程大学,2009.

［109］ 孙凯.自抗扰控制策略在永磁同步电动机伺服系统中的应用研究与实现［D］.天津:天津大学,2007.

［110］ 崔晓光.基于自抗扰控制技术的永磁同步电机速度控制研究［D］.济南:山东大学,2013.

［111］ 孙凯,许镇琳,邹积勇.基于自抗扰控制器的永磁同步电机速度估计［J］.系统仿真学报,2007,19(3):582-584.

［112］ HAN J. From PID to active disturbance rejection control［J］. IEEE Transactions on Industrial Electronics, 2009, 56(3): 900-906.

［113］ 文建平,曹秉刚.无速度传感器的内嵌式永磁同步电机自抗扰控制调速系统［J］.中国电机工程学报,2009,29(30):58-62.

［114］ 刘志刚,李世华.基于永磁同步电机模型辨识与补偿的自抗扰控制器［J］.中国电机工程学报,2008,28(24):118-123.

［115］ 王子辉.永磁同步电机全速度范围无位置传感器控制策略研究［D］.杭州:浙江大学,2012.

［116］ ZHANG X,SUN L,ZHAO K,et al. Nonlinear speed control for PMSM system using sliding-mode control and disturbance compensation techniques［J］. IEEE Transactions on Power Electronics,2013,28(3):1358-1365.